Alvan Hunt

Bitcoin um estudo de caso

Alvan Hunt

Bitcoin um estudo de caso

ScienciaScripts

Imprint

Cover image: www.ingimage.com

This book is a translation from the original published under ISBN 978-3-659-88871-7.

Publisher:
Sciencia Scripts
is a trademark of
Dodo Books Indian Ocean Ltd. and OmniScriptum S.R.L publishing group

120 High Road, East Finchley, London, N2 9ED, United Kingdom
Str. Armeneasca 28/1, office 1, Chisinau MD-2012, Republic of Moldova, Europe
Managing Directors: Ieva Konstantinova, Victoria Ursu
info@omniscriptum.com

Printed at: see last page
ISBN: 978-620-8-56317-2

ÍNDICE DE CONTEÚDOS

Resumo

A recente ascensão e popularidade das criptomoedas digitais, como a Bitcoin, desafiou muitas das crenças convencionais em torno do dinheiro e do comércio eletrónico. Nos últimos dois anos, a Bitcoin tem estado na vanguarda deste movimento e a sua popularidade tem vindo a aumentar de forma constante. Sendo a Bitcoin o primeiro sistema de pagamento digital descentralizado, levantou muitas questões relativamente à teoria monetária e ao que define uma moeda. Este documento investigou a Bitcoin e comparou o seu quadro institucional com a Teoria Monetária Moderna, sob a forma de um estudo de caso. Foi efectuada uma revisão da literatura que examinou a história da Teoria Monetária, incluindo as funções e caraterísticas da moeda. Este estudo de caso utilizou uma análise comparativa da Bitcoin e da Teoria Monetária Moderna. De acordo com a Teoria Monetária Moderna, o dinheiro tem quatro funções: deve ser um meio de troca, uma unidade de conta, uma reserva de valor e um padrão de pagamento diferido. Este estudo concluiu que a Bitcoin não cumpre todas as funções da moeda, tal como definidas pela Teoria Monetária Moderna, pelo que não pode ser definida ou classificada como moeda. A Bitcoin tem muitas das caraterísticas do dinheiro, mas a sua natureza descentralizada pode causar uma série de problemas no que respeita à segurança dos utilizadores e a uma potencial deflação futura. O presente estudo concluiu que a Bitcoin se assemelha mais a uma mercadoria do que a uma moeda e, devido à instabilidade e volatilidade dos preços, pode não evoluir para moeda num futuro próximo, a menos que sejam resolvidos vários problemas importantes. As autoridades reguladoras e os órgãos de governação devem ser cautelosos na forma como classificam e tratam as criptomoedas em termos de política fiscal e de regulamentação, uma vez que a estabilidade e a segurança a longo prazo das criptomoedas são incertas.

Agradecimentos

Gostaria de expressar os meus mais sinceros agradecimentos e apreço ao meu orientador Stephen Weir, que me ajudou e guiou ao longo do processo de investigação e cujos conhecimentos e conselhos tornaram esta tese possível. Gostaria também de agradecer ao pessoal da biblioteca do IPA, que me ajudou imenso durante a realização desta tese. Agradeço também à minha família e amigos que me apoiaram e encorajaram ao longo de todo o projeto.

Capítulo 1

Introdução

O advento da Internet mudou o mundo do comércio, ligando pessoas e empresas de uma forma nunca antes vista. Conduziu a um aumento da criatividade, da inovação e da síntese numa vasta gama de sectores tecnológicos. Nos últimos dez anos, assistiu-se à ascensão do comércio eletrónico e à normalização da atividade comercial em linha. Muitas das barreiras à globalização foram ultrapassadas pelo acesso instantâneo à informação e pelo crescimento crescente daquilo a que se chama a "aldeia global". A inovação no sector das T.I. na última década centrou-se na melhoria das tecnologias existentes e na criação de novas tecnologias que ligam pessoas e ideias. Sempre com o objetivo de progredir e cumprir esta missão, muitos vêem a ideia de uma moeda digital global como algo de inevitável. A Internet tem efetivamente um grande motor de busca, o Google, um grande sítio de rede social, o Facebook, e um grande sítio de compras e leilões em linha, o eBay, mas não tem uma grande moeda ou meio de troca, em vez disso, tem muitas. A Bitcoin foi criada para preencher esta função ou vazio.

A Bitcoin é uma moeda digital de código aberto, peer-to-peer. Entre muitas outras coisas, o que torna a Bitcoin única é o facto de ser o primeiro sistema de pagamentos digitais completamente descentralizado do mundo (Brito & Castillo, 2014). A sua recente ascensão à fama no último ano levantou muitas questões sobre as moedas digitais e o entusiasmo otimista da indústria das TI. A sua crescente aceitação e utilização em todo o mundo, juntamente com a sua capitalização de mercado de 6 349 826 771 dólares, chamou a atenção da Reserva Federal nos Estados Unidos e do BCE na Europa, tendo ambos publicado livros brancos e orientações sobre como lidar com o fenómeno. Sendo um desenvolvimento relativamente novo, pouco tem sido publicado sobre a Bitcoin pela comunidade académica, no entanto, a investigação sobre as criptomoedas digitais está a crescer de forma constante. Apesar de ter sido imediatamente anunciada pelos seus apoiantes como uma moeda real, ainda não foi classificada como tal por nenhuma autoridade governamental e, até agora, tem sido tratada com cautela e suspeita pela maioria dos governos. Este facto proporciona ao investigador uma oportunidade única para colocar algumas questões muito importantes que merecem ser investigadas. Algumas destas questões vão ao cerne da economia e da teoria monetária, tais como: o que é a moeda? Quais são as funções e caraterísticas do dinheiro? O Bitcoin é realmente o mesmo que a moeda fiduciária? A Bitcoin tem as caraterísticas de uma moeda moderna? De todos os artigos publicados

material relativo ao Bitcoin, a atenção tem-se centrado nas suas vantagens e desvantagens, deixando pouca discussão em torno da questão fundamental de saber se o Bitcoin pode realmente ser chamado de dinheiro. O objetivo deste estudo é investigar a Bitcoin, examinar o seu quadro institucional e compará-la com a teoria monetária moderna para ver se preenche os critérios para ser uma moeda. Para tal, é necessário efetuar uma investigação exaustiva sobre a teoria monetária moderna e a história do dinheiro, sob a forma de uma revisão da literatura. Isto é necessário para que se possa chegar a um consenso sobre o que classifica a moeda e como funcionam as moedas modernas. O objetivo desta investigação é clarificar a posição da Bitcoin em relação à teoria monetária como base para futuras orientações sob a forma de regulamentação e política fiscal. Este estudo assumirá a forma de um estudo de caso, na medida em que a Bitcoin será comparada com as moedas fiduciárias numa série de unidades de análise diferentes.

Optei por realizar um estudo de caso, uma vez que a natureza deste inquérito se enquadra nos requisitos gerais estabelecidos para a utilização de um estudo de caso, por oposição a outras formas de investigação. Os estudos de caso procuram compreender e investigar fenómenos ou acontecimentos complexos e contemporâneos, sendo a Bitcoin um desses fenómenos. A Bitcoin também não pode ser controlada pelo investigador, o que dificulta outras formas de investigação, mas o mais importante é que a sua classificação é talvez a base de todas as outras questões de investigação que lhe poderiam estar associadas. Este documento procurará responder à pergunta: a Bitcoin pode ser classificada como dinheiro tal como o conhecemos? Por que razão vale a pena fazer esta investigação? Bem, em primeiro lugar, a Bitcoin e as criptomoedas estão na vanguarda da tecnologia de pagamento e, mais importante, do comércio eletrónico. A ascensão e a crescente popularidade da Bitcoin também proporcionam aos economistas e investigadores uma oportunidade fantástica para testar a teoria económica monetária, uma vez que as novas tendências e desenvolvimentos procuram ultrapassar os limites das finanças e do comércio convencionais.

Vale a pena notar as potenciais limitações de um estudo deste tipo, uma vez que, sendo esta uma nova área de investigação, não tem havido muitas análises publicadas sobre a Bitcoin, mas sim uma grande quantidade de dados em bruto e informação de fonte aberta. Os tipos de análise que tenciono utilizar são a análise descritiva e a análise comparativa com várias subunidades. As questões de investigação aqui propostas são ambiciosas, mas não totalmente impossíveis de responder e creio que existem dados e fontes suficientes para sintetizar a teoria monetária moderna e o "protocolo" Bitcoin, como é designado. O roteiro para este trabalho de investigação é o seguinte: uma revisão da literatura principal relativa à história da teoria monetária e a identificação das funções e caraterísticas acordadas do dinheiro, seguida de uma análise aprofundada do protocolo Bitcoin e de uma análise comparativa dos dois sistemas. Serão recolhidos dados financeiros e comerciais das bolsas que negoceiam em Bitcoin. As informações sobre o protocolo Bitcoin serão recolhidas a partir da sua rede de fonte aberta, que permite um acesso fácil a uma quantidade substancial de informações técnicas e estatísticas de utilizadores.

Capítulo 2

Revisão da literatura

A Internet e a era digital transformaram indubitavelmente o mundo de muitas maneiras, nomeadamente revolucionando o acesso à informação. Este novo acesso rápido à informação alterou o comércio mundial e o modo de funcionamento das empresas comerciais. O comércio eletrónico, como é chamado, conduziu a transacções comerciais mais rápidas. Muitos vêem o aumento das moedas digitais como parte da evolução natural da Internet e, na verdade, do comércio eletrónico global em geral. Uma dessas moedas digitais que registou um aumento sem precedentes é a Bitcoin. Como explicado anteriormente, a Bitcoin é uma moeda digital experimental e descentralizada que permite pagamentos instantâneos a qualquer pessoa, em qualquer parte do mundo. A Bitcoin utiliza a tecnologia peer to peer para funcionar sem uma autoridade central: a gestão das transacções e a emissão de dinheiro são realizadas coletivamente pela rede. O software Bitcoin original de Satoshi Nakamoto foi lançado sob a licença MIT (bitcoin.it, 2014). Os proponentes da Bitcoin afirmam que é uma moeda viável e que tem caraterísticas e funções superiores às dos actuais sistemas monetários fiduciários.

O objetivo desta revisão da literatura é examinar a investigação atual relativa à teoria monetária. Para analisar a estrutura institucional da Bitcoin como moeda, será necessário explorar a teoria monetária moderna e questões como o que é o dinheiro? Qual é a sua função? O que é o crédito? E como é que o dinheiro é criado? Compreender a teoria monetária servirá de base para comparar a Bitcoin como uma moeda utilizável. A teoria monetária é uma área vasta, com teorias muito contestadas e uma série de subtemas. Em comparação, a Bitcoin, sendo um fenómeno recente, tem muito menos literatura e atenção académica. No entanto, existe ainda um número substancial de trabalhos de investigação que abordam as moedas digitais e a Bitcoin em particular.

Começando pela teoria monetária, será necessário fazer uma análise global da investigação e verificar se existe ou não um consenso geral sobre as teorias. As origens da teoria monetária moderna remontam àquela que é talvez a obra fundadora da economia clássica, A Riqueza das Nações, de Adam Smith. Publicado pela primeira vez em 1776, o livro era uma crítica ao sistema mercantil das economias, mas, ao fazê-lo, apresentava uma reflexão pormenorizada sobre a natureza da economia e a sua ligação à dinâmica social e à natureza humana. O livro apresenta uma coleção de descrições e observações sobre a forma como as nações acumulam riqueza. Influenciou fortemente o pensamento económico futuro e, ainda hoje, o seu legado é maioritariamente positivo. É nos primeiros trabalhos de Smith que podemos encontrar referências ao que atualmente designamos por teoria monetária moderna

"Um príncipe, que decretasse que uma certa proporção dos seus impostos fosse paga em papel-moeda de um certo tipo, poderia assim atribuir um certo valor a esse papel-moeda, mesmo que o prazo do seu pagamento e resgate final dependesse inteiramente da vontade do príncipe"

- Adam Smith, An Inquiry into the Nature and Causes of the Wealth of Nations (Uma investigação sobre a natureza e as causas da riqueza das nações). (1776)

Vemos aqui um dos primeiros exemplos do que mais tarde foi designado por "Chartalism" por Knapp na sua *State Theory of Money* publicada em 1895. A palavra cartalista vem da palavra latina *charta*, que significa bilhete ou ficha. A MMT (teoria monetária moderna) tem origem nos primeiros escritores cartistas que defendiam que era aceitável que o Estado produzisse papel ou moeda fiduciária e a utilizasse como meio de troca. Os primeiros cartistas acreditavam que a moeda tinha evoluído de um sistema de troca direta para um meio de troca mais duradouro ao longo da história. Os primeiros autores, como Knapp, influenciaram economistas posteriores, como John Maynard Keynes e Abba Lerner, que referiram as ideias cartistas nos seus primeiros trabalhos de definição. No entanto, nesta altura, o papel do Estado na criação da moeda e do seu valor era mais proeminente e a ideia de que o valor da moeda dependia inteiramente da sua ligação ao ouro tinha desaparecido em grande parte. O valor de uma moeda é mantido através de uma obrigação fiscal e do poder do Estado de criar dívida. Para além disso, o estatuto de uma moeda como forma de curso legal proporciona confiança aos seus cidadãos que, por sua vez, aceitam a moeda. As principais críticas à MMT provêm da escola austríaca de economia e dos novos economistas keynesianos, que se opõem à MMT por várias razões, principalmente em torno das opiniões relativas aos défices e à sua importância ou não a longo prazo. Estas críticas serão abordadas em pormenor ao longo da presente análise da literatura.

O âmbito desta análise incluirá os primeiros trabalhos de definição do MMT e alguns dos escritos mais contemporâneos sobre o MMT. Na minha opinião, será relevante incluir a literatura das outras escolas de pensamento que adoptam posições diferentes em relação ao MMT. Esta análise enquadra-se na categoria de análise narrativa e procurará dar uma visão geral do tema e proporcionar uma melhor compreensão das questões de investigação propostas.

Comecemos por analisar em profundidade os primeiros escritos cartistas, começando pelos trabalhos do economista alemão Georg Friedrich Knapp e a sua importante obra *The State Theory of Money*. Publicada pela primeira vez em 1895 na Alemanha e em 1925 em Inglaterra, foi a obra fundadora da escola de pensamento cartalista. Knapp escreveu a Teoria Estatal da Moeda numa época de grande debate sobre o valor intrínseco da moeda, em que vários países discutiam entre padrões metálicos para as suas moedas - bimetallismo vs simetalismo.

O trabalho de Knapp causou grande agitação, uma vez que propunha uma separação completa do valor monetário do metal ou mesmo das forças de mercado, propondo que o governo criasse um sistema monetário fiduciário e que o seu valor de troca excedesse o seu valor intrínseco. Kanpp argumentava que o dinheiro não tinha qualquer valor intrínseco real e que era, em vez disso, "uma criatura da lei", chegando mesmo a desejar que fosse abandonado em favor de sistemas de pagamento em moeda estrangeira. Esta posição contrasta diretamente com as opiniões da escola austríaca de economia e de Ludwig Mies van der Rohe, que consideravam o dinheiro não como uma criação ou um produto da lei, mas sim como um produto do mercado. A teoria estatal da moeda contrasta com a teoria segundo a qual a moeda é uma criatura endógena dos mercados, ou da troca direta, se se considerar a troca direta como uma fase inicial do desenvolvimento dos mercados (cf. Hudson 2004). Hudson 2004). O trabalho de Knapp foi muito significativo para a época e nele podemos ver um dos primeiros exemplos empíricos expostos de como o dinheiro se desenvolveu ao longo da história. As evidências sugerem que o dinheiro cresceu, de facto, não como um produto das forças do mercado, mas como um sistema de troca que foi usado pelas primeiras cidades-estado, parecendo que a sua ligação à administração governante foi talvez a sua maior fonte de legitimidade e, de facto, de valor.

Outro importante escritor e economista dos primórdios da MMT foi Alfred Mitchell -Innes, que escreveu The Credit Theory of Money para o *The Banking Law Journal* em 1914. No seu artigo, argumentou que "não existe um meio de troca, a compra e venda é a troca de uma mercadoria por um crédito, o crédito e só o crédito é dinheiro". Tal como Knapp, Innes argumenta contra o metalismo.

"A teoria do crédito é a seguinte: uma compra e venda é a troca de uma mercadoria por crédito. Desta teoria principal decorre a subteoria de que o valor do crédito ou do dinheiro não depende do valor de qualquer metal ou metais, mas do direito que o credor adquire ao pagamento, ou seja, à satisfação do crédito, e da obrigação do devedor de "pagar" a sua dívida e, inversamente, do direito do devedor de se libertar da sua dívida através da oferta de uma dívida equivalente devida pelo credor, e da obrigação do credor de aceitar esta oferta em satisfação do seu crédito" (Innes, 1914)

A Teoria do Crédito da Moeda passou a influenciar economistas posteriores, como Richard Werner, que alargou a teoria do "dinheiro é crédito". Em 1992, *publicou A Quantity Theory of Credit (Uma Teoria Quantitativa do Crédito)*, cujo objetivo era testar empiricamente a teoria e investigar e testar a criação de crédito separadamente, ou seja, o crédito para o PIB e o crédito não relacionado com o PIB (circulação financeira). Werner concluiu que a criação de crédito bancário para transacções do PIB é a causa direta do crescimento do PIB nominal, enquanto a criação de crédito para transacções financeiras explica os preços dos activos e as crises bancárias.

Em 2005, escreveu *New Paradigm in Macroeconomics*, no qual testou a teoria do crédito da moeda e propôs um sistema de *flexibilização quantitativa* para anular os efeitos negativos da crise bancária. Tal como Alfred Mitchell-Innes, também ele traçou a história da moeda como crédito até às primeiras cidades-estado da antiga Mesopotâmia.

Um autor recente que desenvolveu a teoria do crédito do dinheiro foi o antropólogo David Graeber, que escreveu *Debt: The First 5000 Years*. Graeber afirma que a grande maioria dos sistemas monetários ao longo da história se baseou na dívida, mas observa que, em certos períodos da história, não foi esse o caso, sobretudo quando se recorreu ao metalismo. As funções da moeda, segundo ele, são: 1. Um meio de troca 2. Uma unidade de conta e 3. Uma reserva de valor. Critica a conclusão de Adam Smith de que a moeda evoluiu a partir de um sistema de troca direta e que é, antes de mais, um meio de troca. Além disso, argumenta que a utilização de "fichas" na história, anteriores às moedas, indica que o seu valor não se baseava no facto de serem apoiadas por metais preciosos ou poderem ser trocadas, mas porque representavam uma dívida que tinha de ser paga. A teoria do crédito da moeda foi aceite por muitos governos ocidentais durante a segunda metade do século XX e a ligação entre a moeda e o ouro foi-se desgastando lentamente, tendo terminado nos EUA com o Presidente Nixon.

Outro proeminente defensor da MMT e economista é L. Randall Wray, que se tem concentrado na teoria e política monetária, macroeconomia, instabilidade financeira e política de emprego. Os seus trabalhos foram responsáveis por um interesse renovado no cartalismo entre certos economistas, o que deu origem ao neo-cartalismo. Os seus trabalhos também apoiam a ideia de que o dinheiro é dívida e não tem qualquer valor intrínseco se não estiver ligado a um governo.

Outro livro económico que aborda as origens da moeda e a sua função é *Money: Whence it came, where it went*, do famoso economista e funcionário público John Kenneth Galbraith. A sua visão económica era keynesiana e, tal como outros autores da MMT, poderia ser classificada como "intuicionista" no que respeita ao papel do Estado na criação de moeda. Opunha-se também ao padrão-ouro e defendia o aumento da oferta e da circulação monetárias. O livro de Galbraith faz uma análise provocadora da história e dos fracassos da política monetária e, tal como muitos economistas, defende que um sistema monetário que não esteja ligado a um governo seria impossível de manter.

O papel do Estado na criação e controlo da oferta de moeda é um elemento essencial da corrente dominante da MMT e a ideia de que a moeda é dívida é também um princípio fundamental. Vejamos agora algumas das teorias alternativas e opostas que têm uma visão diferente sobre a função e o valor da moeda.

Até agora, vimos as origens da MMT e as teorias dominantes que existem sobre a natureza da moeda e o seu valor, a MMT, o cartalismo e a teoria do crédito da moeda, todas elas ligadas entre si a um certo nível. A escola austríaca de economia tem uma visão diferente sobre as origens da moeda e as suas funções/valor intrínseco. O seu fundador, Ludwig von Mises, escreveu em 1912 a sua primeira grande obra, *A Teoria da Moeda e do Crédito*.

O ponto de vista de Mises sobre a natureza e o valor do dinheiro e o seu papel na política monetária. A principal diferença entre Ludwig von Mises e os autores da MMT é a prioridade da função monetária, ou seja, na *Teoria da Moeda e do Crédito*, a moeda é vista, em primeiro lugar, como um meio de troca e como resultado da economia de troca direta, sendo as suas outras funções, tais como ser uma reserva de valor ou um padrão de pagamento diferido, secundárias em relação a esta.

Mises explica isto simplesmente da seguinte forma: "A função do dinheiro é facilitar a atividade do mercado, actuando como um meio de troca comum" (Mises, 1912). Outro economista proeminente da escola austríaca, ao resumir o documento de Mises, afirma que "as funções" do dinheiro, tais como um padrão de pagamentos diferidos ou uma reserva de valor, decorrem todas da sua definição: o dinheiro é um meio de troca comummente aceite" (Murphy, 2011). Mises acreditava que o dinheiro surgiu como uma forma de troca indireta numa economia de troca direta e que as mercadorias como a prata e o ouro eram as que melhor facilitavam essa troca. Murphy argumenta que "com o tempo, uma comunidade gravitaria em torno de uma ou poucas mercadorias que seriam aceites por todos no comércio" e salienta ainda que "historicamente, o ouro e a prata têm sido as duas mercadorias mais frequentemente utilizadas como dinheiro" (Murphy, 2011). Os economistas austríacos criticam o valor da moeda fiduciária e acreditam que o seu valor e aceitabilidade não se devem completamente à legalidade apoiada pelo governo, como ilustra a citação abaixo.

> Alguns teóricos explicam o valor da moeda como sendo devido a comandos do Estado. Mas o governo não pode obrigar as pessoas a adotar um determinado artigo como meio de troca comummente aceite e muito menos a aceitá-lo com um determinado poder de compra. O governo pode utilizar o seu enorme poder para aumentar a probabilidade de as pessoas adoptarem um determinado artigo (por exemplo, pedaços de papel verde com determinados padrões de tinta) como dinheiro, mas, em termos económicos, algo é dinheiro devido à sua utilização pelas pessoas no mercado. Um decreto governamental, por si só, não pode transformá-lo em dinheiro (Murphy, 2011)

Como ilustrado acima, a escola austríaca deixa clara a sua opinião de que o Estado não é, por si só, necessário para que a moeda funcione como meio de troca. Também oferece uma resposta à visão académica amplamente difundida pela maioria dos economistas do MMT de que a moeda funciona, em primeiro lugar, como um padrão de pagamento diferido, argumentando que as transacções de crédito não são, de facto, mais do que a troca de bens presentes por bens futuros (Mises, 1914).

Parece que ambas as escolas concordam com as funções gerais da moeda, mas tendem a divergir quanto à sua função principal. William Stanley Jevons, na sua obra clássica *"Money and the Mechanism of Exchange" (1875),* foi o primeiro a analisar a moeda em termos de quatro funções: um meio de troca, uma medida comum de valor (ou unidade de conta), um padrão de valor (ou padrão de pagamento diferido) e uma reserva de valor. A obra de Jevons, amplamente citada, tem sido elogiada por ter clarificado as funções da moeda, onde anteriormente existia muita confusão. Argumentou que "na sua primeira forma, o dinheiro é simplesmente qualquer mercadoria estimada por todas as pessoas" e que as suas funções se seguiram. Salientou também que, ao longo da história, a moeda não teve necessariamente todas estas funções (Jevons, 1875)

"Chegamos a considerar quase necessária essa união de funções que é, no máximo, uma questão de conveniência, e pode nem sempre ser desejável." E salienta ainda que "podemos certamente empregar uma substância como meio de troca, uma segunda como medida de valor, uma terceira como padrão de valor e uma quarta como reserva de valor. Jevons explicou em seguida como, à medida que o comércio se desenvolveu, se desenvolveram as funções secundárias da moeda, como a reserva de valor e padrão de diferimento. Definiu a reserva de valor como "algo que é muito valioso, embora de pequeno volume e peso, e que será reconhecido como muito valioso em todas as partes do mundo, é necessário para este fim. A moeda corrente de um país é talvez mais suscetível de preencher estas condições" (Jevons, 1875)

Tem havido algum desacordo quanto ao facto de um padrão de pagamento diferente dever ser incluído na lista de funções, uma vez que não é considerado um objetivo definidor por muitos economistas. Embora tenha havido muito desacordo quanto às funções da moeda, os economistas estão mais unidos quanto às caraterísticas ou qualidades da moeda material. Jevons também escreve sobre este assunto e baseia-se nos trabalhos de muitos economistas e escritores anteriores, como Huskisson, MacCulloch, James Mill, Garnier, Chevalier, Walras e Harris (ver nomes completos). Jevons enumera sete qualidades ou propriedades: 1. Utilidade e valor 2. Portabilidade 3. Indestrutibilidade 4. Homogeneidade. 5. Divisibilidade 6. Estabilidade do valor. 7. Cognizibilidade. Outros economistas apresentaram listas semelhantes, algumas incluindo qualidades adicionais, como a oferta limitada e a impossibilidade de falsificação. No seu conjunto, estas são as caraterísticas da moeda comummente aceites.

O economista Zelizer, no seu livro *The social meaning of money (1997),* analisa o que considera serem alguns dos pressupostos sociais prevalecentes em relação ao dinheiro. A interpretação prevalecente do dinheiro baseia-se nos cinco pressupostos seguintes .1 As funções e caraterísticas do dinheiro são definidas em termos estritamente económicos. Enquanto objeto líquido, homogéneo, infinitamente divisível e sem qualidade, o dinheiro é um instrumento inigualável para as trocas no mercado. 2. Existe apenas um tipo de moeda, que é a moeda do mercado, e só são possíveis diferenças de quantidade. 3. Na sociedade moderna, o dinheiro é definido como essencialmente profano e utilitário, em contraste com os valores não instrumentais. 4. Enquanto meio de troca abstrato, o dinheiro tem não só a liberdade mas também o poder de atrair um número crescente de bens e serviços para a teia do mercado. 5. é inquestionável o poder do dinheiro para transformar valores não pecuniários, ao passo que o contrário raramente acontece (Zelizer. 1997)

Para efeitos práticos, será necessário limitar o âmbito desta análise à literatura que recompensa a oferta de moeda, a criação de moeda e o crédito. No entanto, será necessário apresentar uma panorâmica geral destes domínios e das opiniões que os rodeiam.

Nesta revisão, será necessário examinar a literatura relativa à oferta e criação de moeda, uma vez que esta será uma das áreas de comparação e discussão sobre a Bitcoin mais adiante neste documento. Em economia, a oferta de moeda ou stock de moeda é o montante total de activos monetários disponíveis numa economia num determinado momento. Existem várias formas de definir "dinheiro", mas as medidas padrão geralmente incluem moeda em circulação e depósitos à ordem, activos de fácil acesso dos depositantes nos livros das instituições financeiras (Deardorff, 2011)

Existem várias medidas padrão da oferta de moeda, incluindo a base monetária, M1 e M2. A base monetária é definida como a soma da moeda em circulação e dos saldos das reservas (FederalReserve.gov 2014). David H. Gowland, no seu livro *Controlling the Money Supply (1982)*, apresenta uma visão geral muito completa, mas concisa, que explica a criação de moeda e a oferta de moeda. (Gowland, 1982) admite que, mesmo antes de se poder discutir a oferta de moeda, "há que considerar uma questão ainda mais básica: o que é a moeda e como pode ser medida? "Argumenta também que, mesmo a um nível teórico elevado, a questão não está resolvida. Ele define a moeda como um simples meio de pagamento, argumentando que não existem activos que sejam universalmente considerados como meios de pagamento, nem mesmo a moeda. Gowland descreve os conceitos básicos relativos à criação de moeda e à forma como esta ocorre, afirmando que "o caso mais simples de criação de moeda é o de uma economia em que a moeda emitida pelas autoridades monetárias, o governo, é a única forma de moeda. Este é um tema recorrente na literatura, a grande maioria dos economistas vê o dinheiro e o governo como inseparáveis, o que é de interesse para este discurso, uma vez que a Bitcoin opera atualmente independentemente de qualquer governo. Como Gowland e, de facto, a maior parte da literatura concorda, a forma mais fácil de o governo colocar dinheiro na economia é simplesmente gastá-lo. Apesar de parecer complexo e difícil de compreender, Gowland explica que a oferta de dinheiro aumenta e diminui através de duas acções simples.

"Nesta economia simples, qualquer despesa do Estado (incluindo a compra de activos) criaria necessariamente moeda, ou seja, aumentaria a massa monetária, tal como qualquer recompra de obrigações do Estado (obrigações, etc.). Do mesmo modo, qualquer ação do Estado que levasse os particulares a contrair e a liquidar uma dívida para com o Estado destruiria moeda e reduziria assim a massa monetária" (Gowland, 1982)

Os economistas defendem que a taxa de oferta de *moeda* e a sua circulação estão estreitamente ligadas à economia nacional e ao seu desempenho. Um aumento da oferta de moeda reduz normalmente as taxas de juro, o que, por sua vez, gera mais investimento e coloca mais dinheiro nas mãos dos consumidores, estimulando assim a despesa (Invesopedia, 2014): *Theory and evidence.* "A primeira abordagem é designada por abordagem da carteira pura e corresponde à abordagem ortodoxa da oferta de moeda. A segunda abordagem é designada por abordagem da procura de empréstimos pura e corresponde à visão acomodatícia pós-keynesiana da moeda endógena. A terceira abordagem é designada por abordagem mista da procura de empréstimos e da carteira e corresponde à visão estruturalista pós-keynesiana da moeda endógena (Palley, 1994)

Outro livro que aborda a criação de moeda e o controlo da oferta de moeda *é New Diretions in Post-Keynesian Economics (1989),* editado por John Pheby. Neste livro, o autor resume adequadamente o consenso dominante sobre a criação de moeda. Ele explica que a capacidade do sistema financeiro de expandir ou diminuir o crédito de acordo com a procura tem implicações profundas na geração e distribuição de rendimentos (Pheby, 1989). Este é certamente o caso da maioria dos sistemas monetários em todo o mundo e é um tema central em economia. A importância deste ponto no que diz respeito à Bitcoin é que a Bitcoin tem um processo bastante inflexível de criação e fornecimento que não é governado ou controlado por qualquer governo ou banco central.

Vejamos agora o que é o crédito? E porque é que é importante como função e aspeto de um sistema monetário? Mais uma vez, a literatura em torno deste tema é vasta, pelo que será necessário fazer um resumo da ideia principal e dos argumentos em torno do crédito. O crédito é simplesmente definido como
"Um acordo contratual em que um mutuário recebe algo de valor agora e concorda em reembolsar o credor numa data futura, geralmente com juros. O termo também se refere à capacidade de empréstimo de um indivíduo ou empresa" (Investopedia, 2014). Existem sete tipos principais de crédito: crédito bancário, crédito comercial, crédito ao consumo, crédito ao investimento, crédito público, crédito internacional e crédito imobiliário. O crédito nas finanças é um aspeto bem estabelecido e praticado internacionalmente do comércio internacional e global. Os mercados financeiros dependem da capacidade de movimentar rapidamente montantes de capital através de transferências de crédito e de acções. O conceito de crédito reveste-se de particular interesse para este estudo de caso, uma vez que se trata de um dos domínios em que a literatura permanece silenciosa no que diz respeito à forma como uma economia ou sociedade funcionaria sem ele. Porquê este interesse? Porque, atualmente, a Bitcoin não permite que os seus utilizadores acedam ao crédito sob qualquer forma. Esta também parece ser uma área negligenciada de crítica em relação à Bitcoin, com os seus opositores a concentrarem-se em áreas como a segurança e a integridade estrutural, mas negligenciando um aspeto fundamental das finanças pessoais, o crédito.

Para além disso, a literatura que examina o protocolo Bitcoin não apresenta uma solução ou não aborda esta questão como uma área de preocupação a longo prazo.

Para concluir e avaliar a literatura aqui analisada, é evidente que, apesar das diferentes escolas de pensamento e opinião, a Teoria Monetária Moderna é amplamente aceite como sendo atualmente o melhor modus operandi na economia monetária. A história da economia monetária mostra-nos que a teoria monetária dominante surgiu a partir do Cartismo e da Teoria do Crédito da Moeda. As funções e caraterísticas da moeda estão bem estabelecidas, embora haja desacordos em torno da primazia das funções, existe, no entanto, um consenso alargado. Embora alguns economistas, como os da escola austríaca, contestem este facto, admitem que, na maior parte da história monetária, tem sido esse o caso. Para resumir as funções da moeda, esta é um meio de troca, uma unidade de conta, uma reserva de valor e um padrão de pagamento diferido. Há duas outras propriedades ou caraterísticas da moeda que também são importantes: a sua ligação a um organismo governamental e a capacidade de as instituições a emitirem como crédito. É com base nestas funções e caraterísticas que o presente documento examinará a Bitcoin através de uma análise comparativa.

Capítulo 3

Conceção e metodologia do estudo

Visão geral do estudo de caso

Este artigo, como explicado anteriormente, efectuará um estudo de caso da Bitcoin e examinará o seu potencial como moeda viável, comparando a sua estrutura institucional com a teoria monetária moderna através de uma análise comparativa das suas funções e caraterísticas monetárias. As questões de estudo que serão tratadas neste documento são as seguintes*: como é que a Bitcoin se compara com a teoria monetária? A Bitcoin tem as funções e caraterísticas de uma moeda moderna? E quais são os problemas/questões teóricos e monetários da Bitcoin, se é que existem?*

A lógica subjacente à escolha de um estudo de caso como método de investigação será descrita a seguir. Os estudos de caso são geralmente escolhidos como método de investigação se forem cumpridos determinados critérios em relação às questões de investigação. Robert K. Yin (2014), uma das principais autoridades em estudos de caso, apresentou várias razões pelas quais os estudos de caso devem ser escolhidos para determinadas questões de investigação, afirmando que "quanto mais a sua questão procurar explicar alguma circunstância presente, mais a investigação de estudo de caso será relevante". O método é relevante quanto mais as suas questões exigirem uma descrição extensa e aprofundada de algum fenómeno social" Yin (2014) também argumenta que "o estudo de caso é preferido para examinar eventos contemporâneos, mas quando os comportamentos relevantes não podem ser manipulados, o estudo de caso baseia-se em muitas das mesmas técnicas que uma história. As razões básicas para a escolha de um estudo de caso são, por conseguinte, o facto de se colocar uma questão de como ou porquê sobre um conjunto de acontecimentos contemporâneos sobre os quais o investigador não tem qualquer controlo e que dependem de múltiplas fontes de provas (Yin, 2014)

A presente investigação sobre a Bitcoin corresponde a este critério: a Bitcoin é um novo fenómeno social sobre o qual o investigador não tem qualquer controlo, uma vez que não pode ser manipulado para efeitos de investigação. Yin argumenta que a maioria dos estudos de caso parece estar orientada para uma abordagem realista. (Yin, 1998) distingue entre replicação literal (em que os casos são concebidos para se corroborarem mutuamente) e replicação teórica (em que os casos são concebidos para cobrir diferentes condições teóricas). Neste último caso, poder-se-ia esperar resultados diferentes, mas por razões previsíveis. Devido ao carácter exploratório da investigação, não foi possível

determinar, antes do processo de recolha de dados, a base teórica mais adequada a utilizar para orientar a seleção do projeto (Treloar, A, 2013)

Paradigma teórico para este estudo de caso: Realismo

Ontologia: Realismo crítico A realidade é "real", mas apenas imperfeita e probabilisticamente apreensível, pelo que é necessária a triangulação de muitas fontes para a conhecer.

Epistemologia: objetivista modificada; as conclusões são provavelmente verdadeiras com consciência dos valores entre elas.

Metodologias comuns: Estudos de caso; interpretação de questões de investigação através de métodos qualitativos e/ou quantitativos

Generalização analítica a partir de estudos de caso: Também designada por elaboração teórica, trata-se de um tipo de generalização em que o inquiridor tenta ligar os resultados de um caso particular a uma teoria (Yin, 2014). Yin explicou que o objetivo dos estudos de caso é a "generalização analítica" para expandir a teoria e não a generalização estatística (Rhee Y, 2004). Neste documento, a proposição teórica é que as funções da moeda são conhecidas e consensuais e, por conseguinte, quaisquer formas novas ou propostas de moeda podem ser avaliadas em função dessas funções.

Uma nota sobre preconceitos e preocupações relativamente a estudos de caso:

No que diz respeito à parcialidade, devo dizer que é absolutamente necessário que não haja posições preconcebidas relativamente às respostas às questões de investigação propostas. A minha posição relativamente

O Bitcoin e o seu futuro são neutros. Afirmarei também que não estou de forma alguma ligado a quaisquer movimentos ou fóruns sobre a Bitcoin e esforçar-me-ei por examinar a funcionalidade da Bitcoin de uma forma que não seja tendenciosa. Em relação às preocupações relativas aos estudos de caso como forma de investigação, a principal objeção levantada é a generalização a partir de estudos de caso, sendo comuns perguntas como "Como se pode generalizar a partir de um único caso? A resposta curta é que os estudos de caso, tal como as experiências, são generalizáveis a proposições teóricas e não a populações ou universos (Yin, 2014)

A integridade da investigação de estudo de caso é avaliada de acordo com os quatro testes de conceção seguintes

1. **Validade do constructo**: identificar medidas operacionais corretas para os conceitos em estudo

Salvaguarda; serão utilizadas várias fontes para estabelecer a cadeia de provas necessária.

2. **Validade interna/credibilidade**: Não é geralmente aplicável a estudos descritivos ou exploratórios

3. **Validade externa/transferibilidade:** definir o domínio para o qual as conclusões de um estudo podem ser generalizadas

Salvaguarda; Utilização de teoria e lógica de replicação

4. **Fiabilidade/dependência:** demonstração de que as operações de um estudo, como o procedimento de recolha de dados, podem ser repetidas com os mesmos resultados

Salvaguarda; utilização do protocolo de estudo de casos e da base de dados de estudos de casos

Procedimentos de recolha de dados

O estudo assumirá a forma de um projeto de caso único incorporado com múltiplas unidades de análise. A principal unidade de análise é o protocolo Bitcoin (um protocolo criptográfico de fonte aberta que funciona numa rede peer to peer). As subunidades de análise são a rede Bitcoin, a extração de Bitcoin, o seu sistema de transacções, os carimbos de data e hora, o seu software, a sua economia, o seu sistema de segurança e as preocupações relevantes que o rodeiam. Uma análise intensiva do protocolo será necessária para avaliar completamente o Bitcoin como um sistema monetário. Uma vez concluída a análise, a Bitcoin será comparada com o MMT de acordo com as funções e caraterísticas pré-determinadas do dinheiro.

Será necessário utilizar um plano de recolha de dados para ajudar nesta tarefa. Os dados serão recolhidos de uma grande variedade de fontes e instituições. Grande parte da informação relativa à Bitcoin é de fonte aberta, o que torna a recolha de dados menos problemática do que noutras investigações. Apesar de ser um fenómeno recente, existe ainda um grande número de artigos e relatórios publicados sobre o protocolo Bitcoin e a economia das moedas digitais, que também serão incluídos na recolha de dados. Tipos de dados a incluir: livros e manuais escolares, revistas académicas e comerciais, relatórios governamentais e documentos jurídicos, bases de dados electrónicas e sítios Web especializados. Para a análise dos dados, utilizarei a análise de conteúdo, um método específico de análise de texto.

Áreas de recolha de dados de análise e comparação

Orientação geral do inquérito

1. Visão geral da Bitcoin
    a. História
    b. Protocolo
    c. Rede
    d. Exploração mineira

e. Sistema de transacções
f. Registos temporais
g. Software
h. Economia
i. Segurança
j. Preocupações/questões

Análise comparativa entre Bitcoin e MMT.

2. Funções
   a. Meio de troca
   b. Unidade de conta
   c. Loja do vale
   d. Norma de pagamento diferido
   e. Administração
   f. Banco de reserva fracionária
   g. Capacidade de crédito

3. Caraterísticas
   a. Durabilidade
   b. Divisibilidade
   c. Transportabilidade
   d. Não falsificabilidade
   e. Oferta limitada f Aceitabilidade

Capítulo 4

Conclusões e debates

1. Visão geral da Bitcoin

Criação

A história da Bitcoin remonta às primeiras tecnologias Ecash desenvolvidas por David Chaum e Stefan Brands no início dos anos 2000, juntamente com o bit-gold de Nick Szabo e o RPOW de Hal Finney. Estas tecnologias precursoras foram fundamentais para a construção da base teórica e de programação sobre a qual a Bitcoin foi desenvolvida. Nick Szabo, um antigo professor de Direito da Universidade George Washington, começou a desenvolver o conceito de "contratos inteligentes" para protocolos de comércio eletrónico no final dos anos 90 e, entre 1998 e 2005, desenvolveu um programa experimental para uma moeda digital descentralizada chamada Bit-gold. Este programa passou a ser amplamente reconhecido como o precursor direto da Bitcoin. Em novembro de 2008, um programador pseudoanónimo chamado Satoshi Nakamoto publicou na Internet um documento intitulado *Bitcoin: A Peer-to-Peer Electronic Cash System (Bitcoin: um sistema de dinheiro eletrónico ponto a ponto),* que descrevia os métodos de utilização de uma rede ponto a ponto que constituiria a base de uma moeda criptográfica sem autoridade central. Em 2009, Satoshi Nakamoto lançou a rede Bitcoin como uma forma de software de fonte aberta, tendo extraído o primeiro bloco de Bitcoin conhecido como "bloco genial" e, pouco depois, a primeira transação foi registada a 12 de janeiro de 2009. Satoshi abandonou o projeto no final de 2010 sem revelar muito sobre si próprio. Desde então, a comunidade cresceu exponencialmente com muitos programadores a trabalhar na Bitcoin (bitcoin.it, 2013). Nesse mesmo ano, as primeiras taxas de câmbio foram negociadas por pessoas nos fóruns "bitcointalk". A primeira transação significativa foi a compra de duas pizzas por 10 000 BTC (bitcoinsberlin, 2014)

Calendário de crescimento

Em 2011, a WikiLeaks, a Freenet, o Singularity Institute, o Internet Archive, a Free Software Foundation e outros, começaram a aceitar donativos em Bitcoin (btc wiki). Em 2012, a plataforma de comércio eletrónico Bitpay declarou que mais de 1000 empresas estavam agora a aceitar Bitcoin como forma de pagamento. A Bitcoin continuou a crescer rapidamente entre 2012 e 2013 e o seu valor continuou a subir, apesar de pelo menos duas bolhas de preços. A sua ascensão assistiu à criação de muitas bolsas online, sendo as maiores a Coinbase e a Mt.Gox. Em novembro de 2013, havia mais de 12 milhões de Bitcoins em circulação, dando à Bitcoin uma capitalização bolsista total de 10 mil milhões de dólares em 23 de novembro. A sua rápida ascensão e crescente popularidade chamaram a atenção das autoridades e legisladores de todo o mundo, tanto a

Reserva Federal como o BCE publicaram documentos que descreviam em pormenor a forma como a Bitcoin deveria ser tratada e mesmo regulamentada.

Esta ascensão da "economia Bitcoin" foi recebida com reacções mistas a nível mundial, com países como a China e a Tailândia a proibirem a transação de Bitcoin e de outras moedas alternativas nas suas bolsas nacionais no final de 2013. Foi também alvo de publicidade negativa quando o FBI declarou que o mercado de droga em linha Slikroad estava a utilizar a Bitcoin como meio de troca, o que levou à sua apreensão e ao confisco de mais de 26 000 BTC. Apesar disso, o valor de troca das Bitcoins cresceu, atingindo um máximo histórico de 1124,76 USD em 29 de novembro de 2013, contra apenas 13,36 USD em 5 de janeiro no início do ano (bitcoin.it, 2013). Em 2014, a empresa de processamento de pagamentos Bitcoin Bitpay afirmou que mais de 20 000 empresas e organizações sem fins lucrativos estavam a utilizar os seus serviços.

Histórico de preços

Acredita-se que a crise da dívida soberana europeia e a crise financeira cipriota de 2012-2013 contribuíram para o aumento do preço e do valor da Bitcoin, uma vez que os investidores e depositantes procuraram transferir os seus activos para o que acreditavam ser locais mais seguros, fora do alcance do controlo governamental. Os gráficos abaixo descrevem o histórico de preços da Bitcoin desde a sua criação.

Figura 1.1

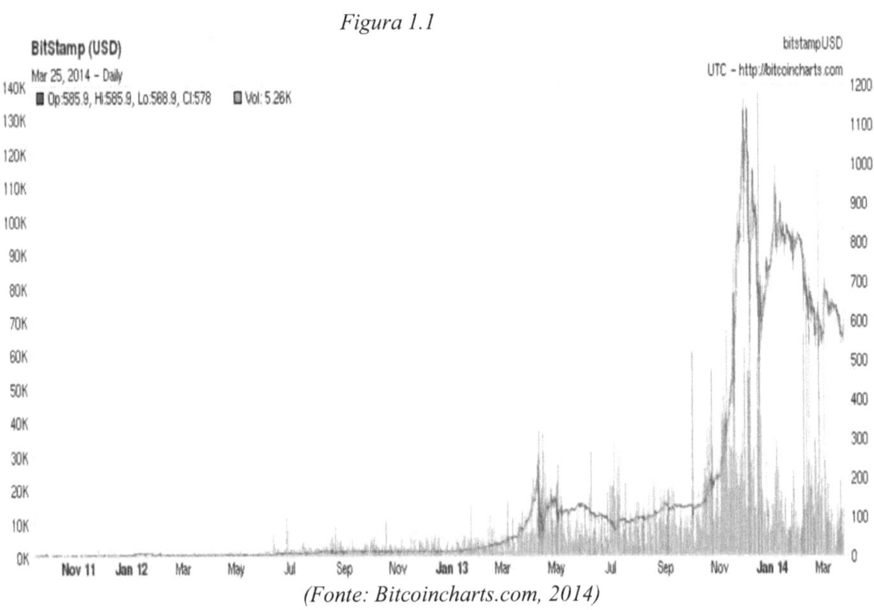

(Fonte: Bitcoincharts.com, 2014)

Figura 1.2
Abaixo está o histórico de preços do Bitcoin entre 25 de março ^{ttl} de 2013 e 25 de março th de 2014.

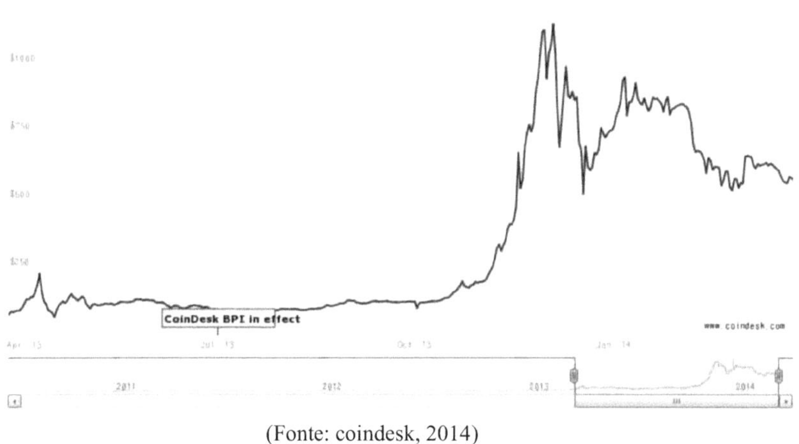

(Fonte: coindesk, 2014)

B. Protocolo e rede

Transacções

Uma Bitcoin pode ser simplesmente descrita como uma entidade que é negociada, no entanto, a entidade pode ser negociada em fracções ou em múltiplas entidades. Uma Bitcoin também pode ser definida como uma sequência de transacções assinadas digitalmente que começaram com a sua criação como uma recompensa de bloco (Bitcoin.it, 2014). Uma pessoa que possui uma Bitcoin pode transferi-la para outra pessoa assinando-a digitalmente para outra pessoa, o que é conhecido como uma transação Bitcoin. O funcionamento é muito semelhante ao de um cheque bancário. Uma transação cria e destrói (invalida) Bitcoins, criando a mesma quantidade que destrói (Bitcoin.it, 2014).

Figura 1.3

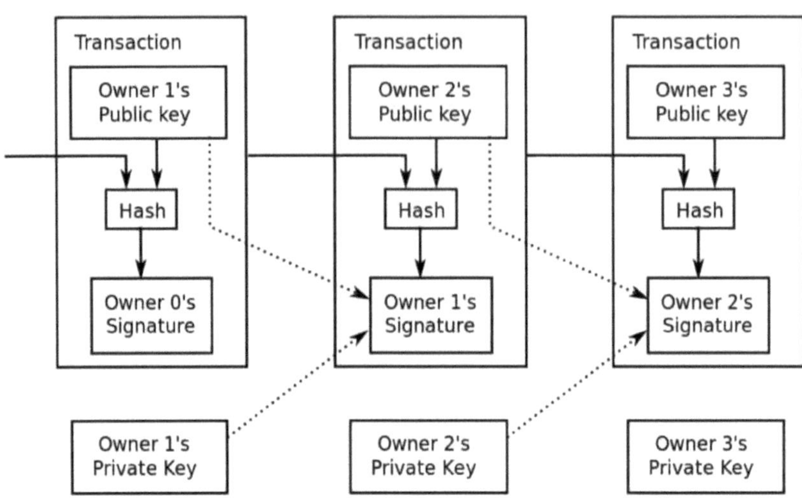

(Fonte: Github.com Bitcoin IRP, 2013)

Cadeia de blocos

Um componente fundamental do protocolo Bitcoin é a cadeia de blocos, que é uma espécie de livro-razão público. Regista todas as transacções de uma na rede Bitcoin, é um registo de todos os proprietários de uma "Bitcoin" desde a sua criação até ao seu proprietário atual. O principal objetivo é garantir que o problema da dupla despesa não ocorra. A cadeia de blocos regista o endereço do utilizador, mas não revela o seu nome.

Figura 1.3
Um exemplo de um registo de transacções Bitcoin mostrando diferentes endereços

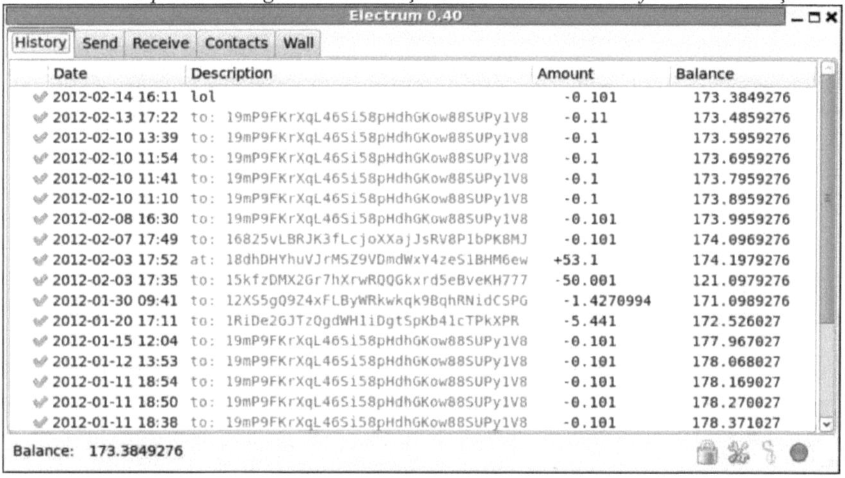

Electrum 0.40

History | Send | Receive | Contacts | Wall

Date	Description	Amount	Balance
2012-02-14 16:11	lol	-0.101	173.3849276
2012-02-13 17:22	to: 19mP9FKrXqL46Si58pHdhGKow88SUPy1V8	-0.11	173.4859276
2012-02-10 13:39	to: 19mP9FKrXqL46Si58pHdhGKow88SUPy1V8	-0.1	173.5959276
2012-02-10 11:54	to: 19mP9FKrXqL46Si58pHdhGKow88SUPy1V8	-0.1	173.6959276
2012-02-10 11:41	to: 19mP9FKrXqL46Si58pHdhGKow88SUPy1V8	-0.1	173.7959276
2012-02-10 11:10	to: 19mP9FKrXqL46Si58pHdhGKow88SUPy1V8	-0.1	173.8959276
2012-02-08 16:30	to: 19mP9FKrXqL46Si58pHdhGKow88SUPy1V8	-0.101	173.9959276
2012-02-07 17:49	to: 16825vLBRJK3fLcjoXXajJsRV8P1bPK8MJ	-0.101	174.0969276
2012-02-03 17:52	at: 18dhDHYhuVJrMSZ9VDmdWxY4zeS1BHM6ew	+53.1	174.1979276
2012-02-03 17:35	to: 15kfzDMX2Gr7hXrwRQQGkxrd5eBveKH777	-50.001	121.0979276
2012-01-30 09:41	to: 12XS5gQ9Z4xFLByWRkwkqk9BqhRNidCSPG	-1.4270994	171.0989276
2012-01-20 17:11	to: 1RiDe2GJTzQgdWH1iDgtSpKb41cTPkXPR	-5.441	172.526027
2012-01-15 12:04	to: 19mP9FKrXqL46Si58pHdhGKow88SUPy1V8	-0.101	177.967027
2012-01-12 13:53	to: 19mP9FKrXqL46Si58pHdhGKow88SUPy1V8	-0.101	178.068027
2012-01-11 18:54	to: 19mP9FKrXqL46Si58pHdhGKow88SUPy1V8	-0.101	178.169027
2012-01-11 18:50	to: 19mP9FKrXqL46Si58pHdhGKow88SUPy1V8	-0.101	178.270027
2012-01-11 18:38	to: 19mP9FKrXqL46Si58pHdhGKow88SUPy1V8	-0.101	178.371027

Balance: 173.3849276

(Fonte, en.bitcoin.it/wiki/File:Capture-Electrum.png)

Endereços Bitcoin

Os endereços Bitcoin são derivados de pares de chaves públicas criptográficas geradas aleatoriamente (citação wiki). Uma chave de endereço público pode consistir em cerca de 33 números e letras. Um exemplo de um endereço Bitcoin seria *31uEbMgunupShBVTewXjtqbBv5MndwfXhb.* Como não existe uma autoridade central, um número aparentemente ilimitado de chaves de endereço pode ser criado e descartado à vontade. Existem três componentes fundamentais para um endereço Bitcoin;

1. Um saldo Bitcoin.
2. Uma chave pública.
3. Uma chave privada: que é conhecida apenas pelo proprietário, todas as transacções devem ser assinadas digitalmente utilizando esta chave privada.

Carteiras Bitcoin

As carteiras Bitcoin funcionam de forma semelhante a uma conta bancária, permitindo aos utilizadores enviar e receber Bitcoins a partir dos seus endereços. A maioria, se não todas as carteiras, possui uma senha protegida por dados criptografados que requer dois logins verificados para acessar

Carteiras de software

As carteiras de software são endereços que estão diretamente ligados à rede Bitcoin, como o Bitcoin- Qt, por exemplo. Carteiras semelhantes foram criadas como aplicações móveis para dispositivos IOS e Android que possibilitam pagamentos por visualização e digitalização para transacções no mundo real.

Carteiras do sítio Web

Muitas bolsas e sites de Bitcoin têm carteiras que guardam os Bitcoins de um utilizador e funcionam como contas bancárias, algumas até pagando juros aos utilizadores.

Carteiras de papel

O endereço Bitcoin de um utilizador pode ser impresso offline se assim o desejar. As carteiras de papel são conhecidas como mecanismos de "armazenamento a frio" e são vistas por alguns utilizadores como uma melhor opção de segurança. Vários vendedores oferecem notas, moedas e cartões denominados em bitcoins (Casascius, 2013). Todos os papéis de "armazenamento a frio" obtidos de uma segunda parte como presente, oferta ou pagamento devem ser imediatamente transferidos para a carteira mais segura, porque a chave privada pode ter sido copiada e preservada por um cedente (bitcoin.it, 2014)

Figura 1.4
Um exemplo de uma carteira de papel Bitcoin

(Fonte: http://bitaddress.org)

Exploração mineira.

A mineração é uma parte fundamental da rede Bitcoin e é essencial para o seu funcionamento contínuo. É o processo de adicionar registos de transacções ao livro-razão público de transacções passadas da Bitcoin (bitcoin.it, 2014). O registo de transacções passadas na rede é designado por blockchain e o seu objetivo é autenticar as transacções na rede. Os mineiros utilizam software que acede à sua capacidade de processamento para resolver algoritmos relacionados com transacções. Em troca, é-lhes atribuído um determinado número de Bitcoins por bloco (whatis.techarget, 2013) A extração de minério foi deliberadamente concebida para ser morosa e difícil, de modo a que o número de blocos extraídos por dia se mantenha estável. Devido a esta escalada constante, tornou-se difícil para os potenciais novos mineiros começarem. Esta dificuldade ajustável é um mecanismo intencional criado para evitar a inflação. Para contornar este problema, os indivíduos trabalham frequentemente em conjunto em pools de mineração (whatis.techarget, 2013)

Registos temporais

Cada bloco de Bitcoin contém um carimbo de data e hora Unixtime único, que serve como fonte de variação para o hash do bloco e existem também controlos de validade que dificultam a manipulação da cadeia de blocos por parte de um adversário (bitcoin.it, 2014). O carimbo de tempo fiável permite que os utilizadores provem que detinham um documento, uma informação ou um ficheiro num determinado momento, de uma forma que não pode ser falsificada. (btproof.com, 2014)

Software e intercâmbios

A ascensão do Bitcoin e a sua crescente comunidade online levaram à explosão de aplicações de software relacionadas com o Bitcoin e de projectos de código aberto destinados a melhorar a rede Bitcoin, a sua segurança e usabilidade. O site BitGit lista atualmente 89 projectos de código aberto em curso relacionados com a Bitcoin. Outras áreas de desenvolvimento de software incluem clientes Bitcoin, bibliotecas, aplicações de dados comerciais, interfaces Web para comerciantes, sistemas de comércio eletrónico de compras, aplicações Web, aplicações móveis, aplicações de mineração e vários outros utilitários. O enorme crescimento da procura de software relacionado com a Bitcoin foi bem recebido pela indústria de T.I., que considera que a economia emergente da Bitcoin tem um enorme potencial de criação de emprego e de inovação, pelo menos dentro da própria indústria. As casas de câmbio de Bitcoin funcionam de forma semelhante aos bancos (citação wiki). O câmbio é feito através da colocação de ordens de "compra" ou "venda", que o software do sistema de câmbio combina entre si (bitcoin.it, 2013).

- dólares americanos
- Euros
- O iene japonês
- Escombros russos

Economia

O crescimento da economia da Bitcoin deu origem a muitas questões relativas à sua definição e classificação como moeda. Alguns dos principais problemas económicos que a Bitcoin enfrenta atualmente são a volatilidade dos seus preços, a especulação e a sua oferta monetária. De acordo com Mart T. Williams (2013) da Universidade Boson, a Bitcoin é atualmente 7 vezes mais volátil do que o ouro e 8 vezes mais volátil do que o S&P 500. A volatilidade da Bitcoin é uma das principais preocupações quanto à sua estabilidade e adoção futuras. Esta volatilidade extrema impede que a Bitcoin funcione corretamente como moeda, como veremos mais adiante. Outra área de preocupação para a Bitcoin é que os especuladores estão a utilizar a Bitcoin como investimentos a curto prazo, alimentando bolhas de preços e criando mais incerteza. Atualmente, a Bitcoin registou duas bolhas de preços, uma em abril de 2013 e outra em dezembro de 2013 e janeiro de 2014. Esta situação levou a advertências severas por parte da Autoridade Bancária Europeia e da Reserva Federal, que criticaram os investidores por se envolverem em transacções especulativas. Alan Greenspan, antigo presidente da Reserva Federal, alertou para o facto de a Bitcoin ser considerada uma bolha especulativa. Outros analistas, como Mathew Boeglar (2013), afirmam, no entanto, que a existência de tais bolhas é inconsequente, uma vez que os movimentos voláteis dos preços são simplesmente forças económicas normais em ação, uma vez que a Bitcoin se encontra numa fase de formação. Outro problema que a Bitcoin enfrenta neste momento é o facto de os investidores estarem a comprar Bitcoin e a mantê-las a longo prazo, na esperança de que o seu valor aumente nos próximos anos. Estes Bitcoins não estão a ser transaccionados ou utilizados na

A economia da Bitcoin conduziu ao problema do "entesouramento de Bitcoin". Apesar dos riscos, muitos investidores estão a financiar a infraestrutura da Bitcoin, como as bolsas, os sistemas de pagamento Bitcoin e os serviços de carteira. Em 2013, assistiu-se a um interesse e envolvimento significativos dos investidores de Wall Street, que planeiam transferir capital de alto risco para investimentos relacionados com a Bitcoin.

Comparação e avaliação

1. Meio de troca.

Analisemos agora a Bitcoin à luz das funções estabelecidas para o dinheiro, começando pela sua função de meio de troca. Um meio de troca é definido como *algo comummente aceite em troca de bens e serviços e reconhecido como representando um padrão de valor.* É também amplamente aceite pelos economistas que um meio de troca deve ter um poder de compra estável, ou seja, deve ter um valor. Atualmente, existe um grande desacordo e falta de consenso entre os economistas relativamente à Bitcoin como moeda. Muitos economistas e especialistas financeiros discordam quanto ao facto de a Bitcoin ter as funções de uma moeda moderna. Antes de algo poder ser um meio de troca, tem de ter um valor inerente constante ou tem de estar ligado/vinculado a outro bem ou utilidade que tenha valor. O valor é definido como a consideração que algo merece; a importância, o valor ou a utilidade de algo. Parece que, para que uma moeda funcione como meio de troca, tem primeiro de ter uma reserva de valor (outra função primária do dinheiro). Uma reserva de valor tem de estar presente para que um meio de troca seja útil; caso contrário, a confiança entre os utilizadores seria quebrada, levando à sua eventual eliminação como meio de troca. As duas funções estão ambas ligadas, mas um "objeto monetário" pode tecnicamente funcionar uma sem a outra, embora de forma ineficaz. Uma utilidade constante e estável necessita de uma ampla aceitação para ser tratada e utilizada como meio de troca. Os actuais sistemas monetários Fiat correspondem a este critério, uma vez que são universalmente aceites e utilizados em transacções comerciais e privadas, pelo que a sua aceitabilidade é evidente. De acordo com o Coinmetrics.com, um sítio Web de registo de transacções e volumes de comércio eletrónico, a Bitcoin tem atualmente um volume de transacções diárias de 50 987 212 dólares, uma métrica que calcula o volume médio diário de transacções no protocolo Bitcoin em dólares americanos. A medida é uma média de 7 dias que se actualiza continuamente com base nos novos níveis de transação (Coinmetrics, 2014). A quantidade de transacções diárias da Bitcoin situa-se algures entre uma média de 59 070 e 70 792 nos últimos quatro meses, de 8 de janeiro [de] 2014 a 8 de abril de 2014, como mostra o gráfico seguinte. O volume e a quantidade de transacções actuais são inferiores aos da Western Union, PayPal e Visa. Apesar do aumento do número de transacções, o Bitcoin ainda está muito aquém dos sistemas de pagamento populares, o que significa que a sua aceitação é mínima em comparação. A taxa de transação da Bitcoin é bastante baixa em comparação com a sua capitalização total de mercado de 5.670.875.995 dólares. A sua capitalização de mercado sugeriria uma taxa de transação diária muito mais elevada, mas não é esse o caso, o que leva a supor que está a ser tratada/atuar mais como uma mercadoria do que como uma moeda e, por conseguinte, não actua como um meio de troca. Segundo a Fitch Ratings, do ponto de vista comercial, os volumes de transacções de Bitcoin em relação ao stock de Bitcoin em circulação assemelham-se aos dos títulos de capital. Em fevereiro de 2014, o volume médio diário de transacções de Bitcoin foi de cerca de 68 milhões de dólares em relação à sua oferta monetária de 6,75 mil milhões de dólares, ou seja, aproximadamente 1% da capitalização total do mercado foi transaccionada por dia (vcpost,2014)

Figura 1.5

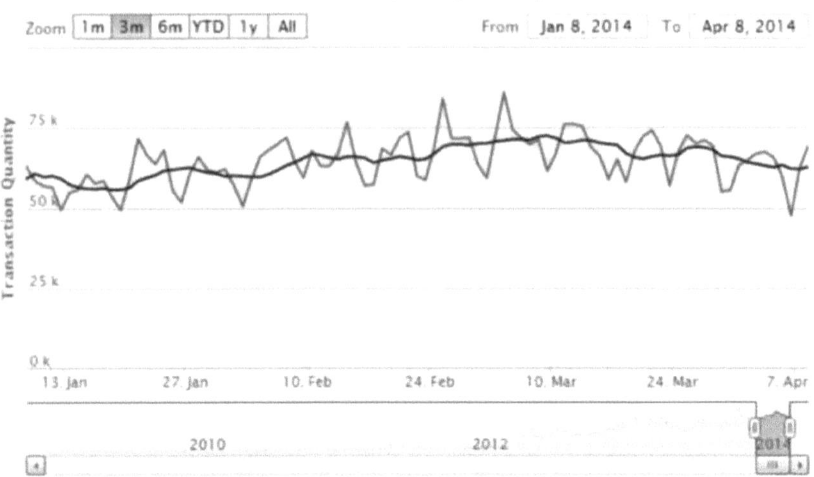

(Fonte: Coinmetrics.com, 2014)

A agência de notação também salientou que a capitalização de mercado da Bitcoin é atualmente inferior a 1% do montante total de dólares americanos em circulação e tem aproximadamente a mesma dimensão de moedas como o Quetzal da Guatemala (vcpost, 2014). No entanto, este facto não retira necessariamente a sua capacidade de ser utilizada como meio de troca, mas aponta antes para a sua falta de aceitação. A aceitação da Bitcoin como forma de pagamento pelos retalhistas em linha e por um pequeno mas crescente contingente de "empresas de tijolo e argamassa" indica que a sua aceitação como meio de troca está a crescer, pelo menos entre as empresas e os retalhistas em linha. As razões para tal devem-se principalmente aos seus custos de transação mais baixos, às microtransacções e ao processamento mais rápido dos pagamentos. De acordo com o relatório da Goldman Sachs sobre a Bitcoin, a utilização generalizada da Bitcoin é possível, mas improvável devido a vários obstáculos importantes: "Atualmente, a Bitcoin é mais promissora em termos da sua tecnologia de pagamentos do que como reserva estável de valor.

Embora ainda não seja "amplamente" aceite, a capacidade de pagar bens e serviços utilizando a Bitcoin está a aumentar", afirmam ainda que "os obstáculos fundamentais a uma utilização mais ampla da Bitcoin no sistema de pagamentos não são insuperáveis, embora as ligações com o sistema bancário convencional sejam, em última análise, essenciais para o seu funcionamento. A ausência de mercados de derivados dificulta a gestão e a cobertura de riscos em torno do valor da Bitcoin, mas é possível imaginar como estes se poderiam desenvolver

(Goldman Sachs, 2014), parece que o maior obstáculo para que a Bitcoin se torne um meio de troca comum é o facto de atualmente estar a ser utilizada principalmente como reserva de valor, em vez de ser utilizada para o fim a que se destina. Parece que o facto de os investidores a utilizarem como reserva de valor indica que existe otimismo entre os utilizadores e especuladores de que a Bitcoin será, no futuro, utilizada como meio de troca, pelo que estão a comprar a moeda enquanto está barata. Ironicamente, este tipo de comportamento é precisamente o que a mantém como reserva de valor e a impede de se tornar um meio de troca estável. Pode dizer-se, portanto, que a Bitcoin não preenche atualmente os critérios para ser um meio de troca, como vemos nas moedas fiduciárias comuns, e só parcialmente preenche esse papel. No entanto, o seu potencial para se tornar um meio de troca amplamente aceite pode tornar-se possível se a estabilidade dos preços e outros factores forem ultrapassados num futuro próximo.

Unidade de conta

Outra função bem estabelecida da moeda é o facto de ter de ser uma unidade de conta. Uma unidade de conta é definida como "uma unidade monetária padrão de medida do valor/custo de bens, serviços ou activos. É uma das três funções bem conhecidas da moeda. Tal como as outras funções do dinheiro, tem havido muito debate sobre se a Bitcoin é uma unidade de conta. Uma unidade de conta estável permite que uma moeda seja uma interpretação exacta dos preços, custos e lucros. Para ser uma unidade de conta, a moeda deve ter estabilidade de preços, a fim de facilitar a eficiência do comércio e das transacções comerciais, pelo que a estabilidade é necessária para que uma moeda seja considerada uma unidade de conta. Tomemos o exemplo do euro, que é utilizado como meio de troca na zona euro e que é também uma unidade de conta. Se uma pessoa retirasse 10 euros de uma caixa multibanco e os gastasse num montante X num bem a um determinado preço, é razoável esperar que esses 10 euros sejam fungíveis, na medida em que todas as notas de 10 euros são essencialmente iguais, e que os bens comprados por 10 euros se mantenham igualmente a um preço estável. No entanto, no caso da Bitcoin, há uma diferença: embora a Bitcoin também seja fungível, na medida em que 1 Btc é igual a outro 1 Btc, a diferença é que pode ter um valor de troca muito diferente noutra altura, o que significa que o meu 1 Btc não é como os 10 euros e pode valer muito mais ou menos em qualquer momento devido à instabilidade dos preços, o que significa que não pode funcionar atualmente como uma unidade de conta exacta. Os retalhistas e as empresas que atualmente aceitam a Bitcoin como meio de pagamento beneficiam das suas caraterísticas benéficas como meio de troca, mas estão em desvantagem quando se trata de ser uma unidade de conta. A maioria dos retalhistas e empresas que aceitam a Bitcoin utilizam as moedas fiduciárias como principal unidade de contabilidade, uma vez que o preço da Bitcoin é demasiado instável, os preços são dados em USD, Euro, etc.

Mesmo entre as empresas da economia Bitcoin, as moedas fiduciárias continuam a ser a forma de pagamento mais comum, o que pode não se dever necessariamente a uma falta de crença na Bitcoin ou mesmo a uma relutância em aceitá-la como forma de pagamento, mas sim ao facto de a instabilidade do seu preço afetar os eventuais rendimentos, seja para melhor ou para pior, porque não é uma unidade de conta estável, os empregadores hesitam em utilizá-la como forma de pagamento aos empregados. Apesar de a Bitcoin não ser tecnicamente uma "unidade de conta", alguns países classificaram-na como tal, como é o caso da Alemanha. O Ministério das Finanças da Alemanha reconheceu formalmente a moeda digital Bitcoin como uma "unidade de conta" que pode ser utilizada para transacções privadas - o que significa que o ministério poderá agora tributar os utilizadores (thegaurdian.com, 2013)

No entanto, este anúncio foi feito em agosto de 2013, numa altura em que o valor das Bitcoins estava mais estável, em torno da marca dos $100= 1Btc, e já o estava há algum tempo, antes de entrar num período de especulação frenética e de bolhas de preços por volta de novembro de 2013. O facto de a Bitcoin constituir uma unidade de conta é inerente à sua conceção, uma vez que podem ser criadas novas Bitcoins através do investimento de poder computacional, o sistema não pode ser utilizado apenas para efetuar pagamentos em qualquer moeda existente (cryptome.org, 2013). A Bitcoin foi concebida para funcionar como uma unidade de conta, uma vez que qualquer bem pode tecnicamente servir como tal, desde que a sua reserva de valor permaneça estável e a sua aceitação seja generalizada. Para concluir, atualmente a Bitcoin não parece cumprir a função de ser uma unidade de conta.

Armazenamento de valor

Outra função bem estabelecida da moeda é o facto de ter de ser uma reserva de valor. Uma reserva de valor é definida como "uma forma reconhecida de troca, que pode ser uma forma de dinheiro ou moeda, uma mercadoria como o ouro, a prata ou o capital financeiro. Para atuar como reserva de valor, estas formas devem poder ser guardadas e recuperadas mais tarde, e ser previsivelmente úteis quando recuperadas" (investopedia, 2013). O fator crucial que permite que uma reserva de valor tenha valor intrínseco é a procura constante do ativo ou objeto. Atualmente, a Bitcoin parece estar a funcionar como uma reserva de valor ou, pelo menos, está a ser tratada como tal. Em primeiro lugar, a Bitcoin tem a capacidade inerente de funcionar como reserva de valor, uma vez que as Bitcoins adquiridas não têm de ser gastas imediatamente; em princípio, os pares de chaves podem ser armazenados durante anos antes de o valor ser recuperado (http://cryptome.org). Tal como as moedas fiduciárias, o valor das Bitcoins pode mudar ao longo do tempo, embora estas últimas sejam mais voláteis, exceto em caso de deflação e hiperinflação, o que não impede o cumprimento da função de reserva de valor (cryptome.org, 2013).

Parece que a maior atenção dos meios de comunicação social que a Bitcoin recebe leva a um maior interesse público e a um aumento subsequente do preço, o aumento subsequente do preço leva a uma maior atenção dos meios de comunicação social e a um interesse crescente que leva a que os utilizadores ou investidores esperem que o preço suba ainda mais e, por isso, retenham as suas Bitcoins, o que, por sua vez, reduz a oferta disponível de Bitcoins e o preço continua a subir, como indica o gráfico seguinte.

Figura 1.6

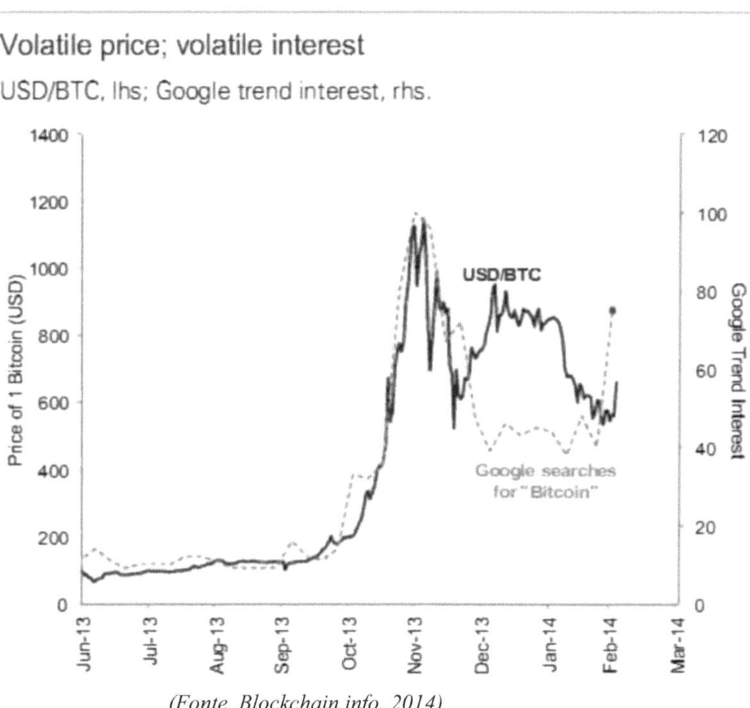

(Fonte, Blockchain.info, 2014)

Embora a Bitcoin possa, de facto, estar a funcionar como uma reserva de valor, alguns economistas não têm a certeza de que seja uma boa reserva de valor. O economista Paul Krugman afirma que "para ser bem sucedido, o dinheiro deve ser tanto um meio de troca como uma reserva de valor razoavelmente estável. O debate em torno do futuro da Bitcoin tem-se centrado na sua economia monetária, nomeadamente no seu potencial de deflação no futuro. A perspetiva de tal, juntamente com a sua instabilidade de preços volátil, aponta para que seja uma fraca reserva de valor. A imagem abaixo compara a volatilidade da Bitcoin com a de outras moedas.

Figura 1.7

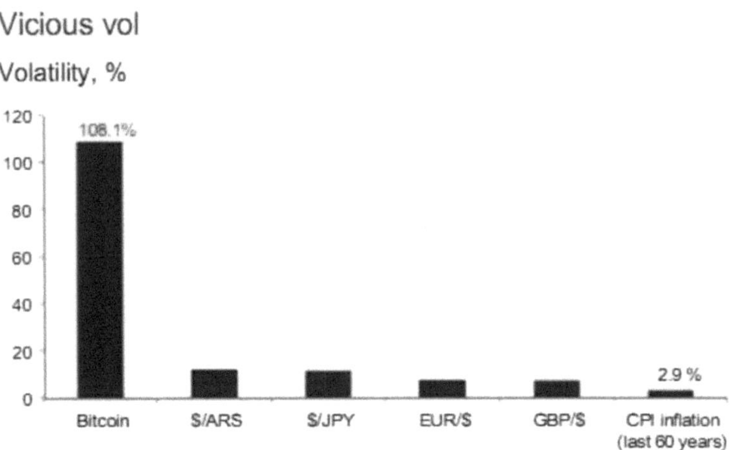

Source: Coindesk.com, Goldman Sachs Global Investment Research.

O seu valor intrínseco parece basear-se na sua capacidade de ser trocado por bens, pelo que, essencialmente, só tem valor de troca. Se não estiver a ser trocado, não tem valor de troca e, por conseguinte, também não tem valor de reserva. Quando comparamos a Bitcoin com outras moedas, parece que, embora ambas possam funcionar como reserva de valor, existem diferenças na eficácia com que isso acontece. A Bitcoin, enquanto reserva de valor, é semelhante a outras reservas de valor num sistema de troca direta, como os bens não perecíveis. A diferença é que o valor armazenado num sistema monetário gera mais valor, ou seja, dividendos de acções e juros da conta poupança de uma pessoa. Atualmente, não é possível que as Bitcoins gerem juros, embora existam propostas para introduzir esse mecanismo no seu código-fonte. No entanto, pode argumentar-se que a Bitcoin é menos suscetível à inflação, que corrói o valor armazenado no dinheiro. Outra diferença é que, no caso das moedas fiduciárias modernas, é possível prever com alguma exatidão o valor temporal do dinheiro, ao passo que no caso da Bitcoin é extremamente difícil estimar o seu valor temporal devido à sua volatilidade. Outra questão que retira potencial ao Bitcoin para ser uma boa reserva de valor são os seus problemas de segurança. O recente roubo de mais de 850 000 Bitcoins avaliadas em 450 milhões de dólares da bolsa Mt.Gox, enquanto 200 000 Bitcoins foram recuperadas mais tarde, não deixa de ser um facto que uma conta bancária parece ser um melhor local para armazenar valor. Como já foi dito, a Bitcoin parece ser uma reserva de valor mais semelhante ao ouro do que as moedas comuns. O ouro não é geralmente utilizado como meio de troca nos tempos modernos, mas é utilizado como reserva de valor e o seu valor flutua mais do que o das moedas. Em conclusão, a Bitcoin cumpre atualmente a função de reserva de valor, embora não seja uma reserva de valor estável como as outras moedas. No entanto, se algumas das questões relacionadas com a volatilidade e a deflação forem resolvidas, poderá cumprir essa função.

Norma de pagamento diferido

Embora as três funções anteriores sejam consideradas as principais funções da moeda, muitos economistas incluíram também a função padrão de pagamento diferido. Esta é definida como "a função da moeda na qual a moeda é utilizada como padrão de referência para especificar pagamentos futuros para compras actuais, ou seja, comprar agora e pagar mais tarde. Esta função pode parecer obscura, mas é um resultado direto das funções de reserva de valor e de medida de valor. Esta é uma das quatro funções básicas da moeda (glossary.econguru.com, 2008). A moeda fiduciária é mais bem utilizada como padrão de pagamento diferido, uma vez que cumpre as outras funções da moeda: "O significado do crédito é tal que pode ser corretamente reconhecido como a pedra basilar do progresso económico moderno. O dinheiro, para além de ser a base das transacções correntes, é também a base dos pagamentos diferidos" (portmaninternational.ie, 2014). Uma vez que a Bitcoin não tem uma reserva de valor estável, isto impede que seja um padrão de pagamento diferido comummente utilizado, mas, em teoria, pode servir como padrão de pagamento diferido, o que é difícil num sistema de troca direta, ao qual a Bitcoin parece assemelhar-se neste momento. De acordo com Mrunal Patel (2013), a razão pela qual é difícil num sistema de troca é a seguinte

1. Os contratos só podem ser celebrados quando ambas as partes chegam a acordo sobre o bem específico a utilizar para o reembolso.

2. Ambas as partes correm o risco de que a mercadoria a ser reembolsada aumente ou diminua seriamente de valor durante a vigência do contrato.

3. Qualquer das partes poderá contestar o método de cálculo do aumento/diminuição exacta do valor de uma mercadoria ao longo do tempo.

Num sistema monetário fiduciário, estes problemas são atenuados devido às taxas de juro e ao valor temporal do dinheiro, que facilita o cálculo do contraste futuro ou dos pagamentos diferidos. Assim, tecnicamente, a Bitcoin poderia ser utilizada como padrão de pagamento diferido, mas devido à volatilidade do seu preço e ao cumprimento parcial das outras funções, é improvável que seja comummente utilizada para esse fim.

Administração

O Bitcoin difere dos sistemas monetários modernos pelo facto de ser administrado através de uma rede descentralizada peer to peer. Não tem um banco central, não está ligado a nenhum estado e não é apoiado por nenhum sistema ou grupo financeiro. As Bitcoins são emitidas de acordo com regras acordadas pela maioria do poder de computação dentro da rede Bitcoin. As regras fundamentais descrevem a emissão previsível de Bitcoins para os seus servidores de verificação, um sistema de taxas de transação voluntário e competitivo e o limite rígido de não mais de 21 milhões de BTC emitidos no total (Bitcoin.it, 2014). Devido à sua administração, surgiram várias questões, nomeadamente a oferta monetária de Bitcoin, que tem uma oferta muito inelástica, uma vez que o número total de Bitcoins que podem ser produzidas já está predefinido pelo protocolo Bitcoin, a oferta total é de 21 milhões, como se pode ver no gráfico seguinte. O protocolo concebeu a taxa de criação de Bitcoin para ser interrompida de quatro em quatro anos, à medida que a rede se aproxima do seu limite. Os utilizadores e os apoiantes consideram que esta é uma forma muito conveniente de controlar a inflação. A conceção do protocolo Bitcoin foi fortemente influenciada pela escola austríaca de economia, o que pode ser visto na oferta finita de Bitcoin e na sua rede descentralizada. A preocupação dos economistas é que, quando esta oferta for atingida, possa ocorrer deflação. Os economistas keynesianos argumentam que a deflação é má para uma economia porque incentiva os indivíduos e as empresas a poupar dinheiro em vez de investir em empresas e criar empregos (Bitcoin.it, 2014). Os utilizadores e apoiantes da Bitcoin citam frequentemente a opinião da escola austríaca de economia sobre a deflação, segundo a qual a deflação conduz à deflação dos preços e ao entesouramento, o que, por sua vez, conduz a taxas de juro mais baixas que incentivariam os empresários a investir e a contrariar o efeito.

Figura 1.8

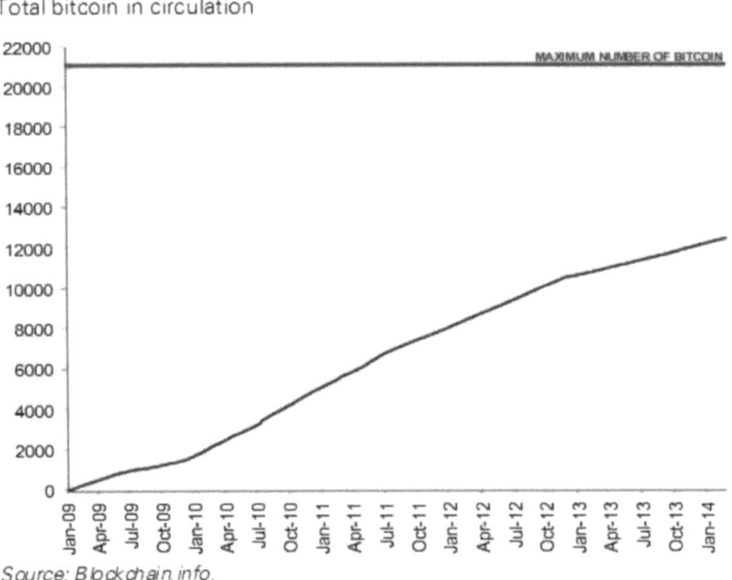

Capacidade de crédito e banco de reservas fraccionárias

A banca de reserva fracionária não só é possível com a Bitcoin, como já está a ser implementada a um nível reduzido atualmente, instituições como a Coinlenders.com são um exemplo. Não há nada no protocolo do Bitcoin que impeça o Bitcoin de ser armazenado e depois deixado aos utilizadores, embora o cálculo dos juros seja difícil devido à volatilidade dos preços. O sistema bancário de reserva fracionária só é possível para o Bitcoin se o seu valor for estável, com a única diferença de que nenhuma nova Bitcoin poderia ser criada por uma entidade que procurasse emprestá-las. No futuro, pode ser possível depositar Bitcoin num banco que poderia então emprestá-los a outros, embora isso provavelmente não será visto no futuro próximo por muitas das razões discutidas anteriormente. Do ponto de vista económico, o efeito da Reserva Bancária Fraccionada é o aumento da oferta de moeda (bitcoinbabble, 2014). Outra questão relacionada com a reserva bancária fraccionada e a Bitcoin seria a aplicação e a regulamentação, uma vez que não existe uma autoridade governamental centralizada, não existem protecções contra a fuga de uma entidade bancária com o seu depósito e vice-versa. Alguns destes problemas estão atualmente a ser tratados pelas Bitcoin Improvement Proposals ou BIPS, que são propostas dos utilizadores para melhorar a rede Bitcoin e que têm de ser acordadas pela rede e pelos mineiros antes de poderem ser implementadas. Atualmente, existem 73 BIPS, das quais 14 foram aceites e implementadas.

Caraterísticas.

a. Durabilidade

A durabilidade é uma caraterística da moeda, na medida em que é uma reserva de valor e não se degrada com o tempo. No passado, as mercadorias perecíveis, como os cereais e o gado, não eram consideradas duráveis, pelo que o ouro, que era durável e não se degradava com o tempo, era amplamente utilizado.

Dinheiro Fiat:

Após uma utilização repetida, o papel-moeda pode ficar danificado e tem de ser substituído se não forem tomadas medidas de armazenamento adequadas. Apesar de não ser duradouro, a longo prazo, pode ser facilmente substituído e o valor que representa mantém-se e não é destruído.

Bitcoin:

A Bitcoin, por ser uma unidade digital, não se pode degradar fisicamente com o uso, os endereços das carteiras podem ser duplicados em caso de corrupção do disco rígido ou perda do endereço. No entanto, ao contrário da moeda fiduciária, as Bitcoin perdidas não são replicáveis e, por conseguinte, menos seguras.

Divisibilidade

O dinheiro deve ser facilmente divisível para que as transacções regulares se realizem. A divisão de objectos físicos em partes iguais sem perda de valor é uma forma de o fazer. O dinheiro também pode ser armazenado separando-o em denominações mais pequenas.

Moeda fiduciária:

A moeda fiduciária é facilmente divisível e o armazenamento do papel-moeda é simples, o que significa que uma grande variedade de montantes separados pode ser dividida e colocada em reserva.

Bitcoin:

A Bitcoin é divisível até 8 casas decimais e pode ser dividida ainda mais para transacções especiais, tais como micropagamentos. Um valor de $100 de Bitcoin pode ser dividido em $0.00000001

Transportabilidade

A moeda deve ser portátil se puder ser utilizada em transacções quotidianas. É necessário poder transportar facilmente o dinheiro para o utilizar como meio de troca. Mercadorias como o ouro e o gado não são facilmente transportáveis, o que as torna inadequadas para serem utilizadas como meio de troca regular.

Moeda fiduciária:

Adequados para pequenas transacções, como o montante que pode ser transportado na carteira, mas as transacções de maior dimensão e os movimentos de dinheiro têm de ser acompanhados por camiões de segurança. Os cartões de crédito e de visto são úteis na medida em que eliminam o problema da transportabilidade, mas implicam taxas adicionais.

Bitcoin:

O facto de ser completamente digital permite que a Bitcoin seja movimentada e transferida para qualquer parte do mundo quase instantaneamente, sendo também facilmente armazenável, na medida em que é possível guardar mil milhões de dólares num simples disco rígido. A sua falta de aceitação como meio de troca torna difícil a sua utilização para compras diárias de necessidade.

Não falsificabilidade

A dificuldade de falsificar dinheiro acrescenta valor ao próprio dinheiro. Os utilizadores de dinheiro devem estar confiantes de que o meio que estão a utilizar é real e autêntico, caso contrário as pessoas terão relutância em utilizá-lo ou rejeitá-lo completamente. Os produtos de base, como o gado e o ouro, são difíceis de falsificar, o que constitui uma das suas vantagens.

Moeda fiduciária: ao longo da história, a moeda fiduciária tornou-se cada vez mais difícil de falsificar e existem numerosas salvaguardas para manter a ocorrência de contrafação a um nível baixo.

Bitcoin: Devido à taxa de hash colectiva da rede, continua a ser impossível falsificar Bitcoin, embora seja possível enganar um utilizador, levando-o a pensar que recebeu um pagamento que na realidade não foi enviado.

Oferta limitada

A escassez de dinheiro é necessária para garantir o seu valor, deve ser difícil de fabricar ou encontrar.

Moeda fiduciária: a moeda moderna só pode ser criada por um pequeno grupo de pessoas e tem uma oferta limitada. Exceto em casos de inflação extrema, a moeda é geralmente escassa e nem sempre está disponível.

Bitcoin: Como já foi referido, o fornecimento de Bitcoin é controlado e limitado pelo seu protocolo de rede, é também previsível e está limitado a 21 milhões de BTC.

Aceitabilidade

A moeda deve ser aceitável como meio de aquisição de uma grande variedade de bens e serviços, a sua aceitação deve ser evidente e os utilizadores não devem ter de se preocupar com a sua aceitação como forma de pagamento.

Moeda fiduciária: A moeda fiduciária é aceite praticamente em todo o país de emissão e outras formas de pagamento são raras ou utilizadas isoladamente.

Bitcoin: A Bitcoin é atualmente aceite apenas por uma fração da população e, embora a sua aceitação esteja a aumentar, ainda não é amplamente aceite como forma de pagamento.

Capítulo 5

Conclusões

Este trabalho de investigação procurou investigar a moeda digital Bitcoin, examiná-la e compará-la com a teoria monetária moderna e as suas funções pré-estabelecidas. Este trabalho investigou em pormenor a criptomoeda Bitcoin, examinando todos os aspectos da sua história, protocolo e situação atual. Sendo a Bitcoin um fenómeno relativamente novo, pouco tem sido publicado a seu respeito, constituindo uma nova e excitante via de investigação tanto para os economistas como para os decisores políticos. Este trabalho de investigação analisou em pormenor a história da Teoria Monetária Moderna, o seu funcionamento atual e os seus princípios e pressupostos fundamentais. A revisão da literatura traçou o percurso da MMT e a sua evolução até aos dias de hoje, examinou as principais escolas de pensamento e as suas ideias relativamente às funções da moeda e às teorias em torno do crédito. A revisão da literatura forneceu a base e o enquadramento com os quais o Bitcoin pode ser comparado. A história do dinheiro é um campo de investigação longo e diversificado que forneceu aos economistas uma base para grande parte da política económica e financeira moderna. A análise debruçou-se sobre questões fundamentais como: o que é o dinheiro? O que é o crédito? E quais são as funções e caraterísticas da moeda? Estas questões têm sido objeto de um intenso debate nos últimos dois séculos, o que levou à ascensão e queda de diferentes escolas de pensamento e à evolução do MMT.

Este documento examinou a teoria monetária moderna e concluiu que as funções estabelecidas para a moeda são as seguintes: deve ser um meio de troca, uma reserva de valor, uma unidade de conta e um padrão de pagamento diferido. Todas as moedas fiduciárias modernas cumprem estas funções, ao passo que as mercadorias, como o ouro, cumprem apenas parcialmente estas funções. A revisão da literatura também estabeleceu o consenso geral sobre as caraterísticas da moeda: durabilidade, divisibilidade, transportabilidade, não falsificabilidade, oferta limitada e aceitabilidade. Examinei o protocolo e o quadro institucional da Bitcoin num processo passo a passo, para que os leitores possam ver e compreender o quadro geral. A informação sobre a Bitcoin é escassa e, de um modo geral, não é bem compreendida ou conhecida pelo grande público neste momento. Por conseguinte, foi necessário aprofundar o seu enquadramento para o comparar claramente com a teoria monetária moderna. O presente documento comparou a Bitcoin com a MMT sob a forma de um estudo de caso com múltiplas unidades de análise. As unidades de análise foram as funções e caraterísticas do dinheiro. Os dados foram recolhidos a partir de um vasto leque de fontes. No entanto, havia uma escassez de literatura publicada sobre o assunto, devido ao facto de se tratar de uma nova área de investigação. Apesar disso, consegui recolher dados financeiros e dados comerciais de várias bolsas de Bitcoin e de bolsas financeiras tradicionais para obter uma imagem precisa do estado atual da Bitcoin.

Então, o que é que se descobriu? Em primeiro lugar, a Bitcoin é uma criptomoeda complicada e bem concebida que representa talvez a primeira alternativa digital séria às moedas fiduciárias. À primeira vista, tem muitas, se não todas, as caraterísticas de uma moeda real, mas, após uma análise mais aprofundada, não é esse o caso. Pode deduzir-se das conclusões que a Bitcoin não preenche atualmente todas as funções e caraterísticas para ser uma moeda funcional e utilizável. A Bitcoin está a ser utilizada como meio de troca no seio da sua própria comunidade, mas resta saber se a sua aceitação continuará a aumentar. Não é uma unidade de conta exacta, uma vez que o seu valor é demasiado volátil para ser utilizado como padrão exato. É uma reserva de valor, mas talvez seja uma má reserva devido à volatilidade dos preços. Tecnicamente, pode funcionar como um padrão de pagamento diferido, embora de forma deficiente, uma vez que o seu valor futuro é incerto, o que impede a sua utilização para o pagamento de dívidas. O seu sistema descentralizado tem vantagens e desvantagens, mas a sua incapacidade de controlar a deflação futura é uma grande preocupação para economistas e investidores. A sua natureza de fonte aberta e o seu espírito contributivo serão talvez uma vantagem para a moeda à medida que esta se depara com novos problemas e obstáculos num futuro próximo. Tem a capacidade de criar reservas bancárias fraccionárias, embora existam várias questões de segurança que teriam de ser ultrapassadas antes de tal poder ser concretizado. A Bitcoin tem 5 das 6 caraterísticas do dinheiro, é durável, divisível, transportável, não falsificável e tem uma oferta limitada, mas não é muito aceite. Em teoria, a Bitcoin tem potencial para ser uma moeda muito melhor do que é atualmente, mas, como mencionado nas conclusões, a volatilidade dos preços é talvez o seu maior desafio a ultrapassar. Se o seu preço estabilizasse, muitos dos seus problemas seriam resolvidos. Ao contrário da moeda fiduciária, que está ligada à economia de um país e a um banco central, os sistemas descentralizados da Bitcoin significam que a sua taxa de oferta de moeda não pode ser aumentada ou diminuída em função da situação económica, o que constitui um dos inconvenientes significativos do protocolo Bitcoin.

Muitas das minhas opiniões pré-existentes sobre a Bitcoin foram postas em causa ao longo desta tese. Quando comecei a minha investigação, era de opinião que a Bitcoin era automaticamente uma moeda, mesmo que apenas um pequeno número de pessoas a utilizasse. Também não tinha conhecimento de muitos dos problemas teóricos e institucionais que têm afetado a Bitcoin. Um estudo exaustivo da teoria monetária moderna e das funções do dinheiro também pôs em causa as minhas opiniões pessoais sobre a sua história, função e definição.

Este estudo de caso recorreu a generalizações analíticas para ligar os resultados da investigação à Teoria

Monetária Moderna e à teoria da moeda. Foi efectuada uma análise descritiva e exploratória da moeda digital Bitcoin e o seu enquadramento foi comparado com os sistemas de moeda fiduciária sob a forma de uma análise comparativa. Pode dizer-se que a Bitcoin, embora pareça ser uma moeda digital promissora, tem, de facto, muitos problemas internos e não pode ser classificada como "dinheiro", mas, por ter algumas das caraterísticas do dinheiro, deve ser classificada como um objeto monetário ou financeiro semelhante a uma mercadoria. A menos que haja uma aceitação generalizada, continuará a ser um objeto fiduciário entre utilizadores que é utilizado como reserva de valor. As limitações deste estudo foram bastante significativas: em primeiro lugar, a investigação publicada sobre a Bitcoin está pouco desenvolvida e é difícil de encontrar; em segundo lugar, não é possível prever se a aceitação da Bitcoin continuará, de facto, a crescer e talvez evolua para algo que se assemelhe à moeda fiduciária; em terceiro lugar, foi difícil recolher ou encontrar críticas pormenorizadas ao protocolo Bitcoin, uma vez que, atualmente, a maioria das descrições publicadas do protocolo são escritas por utilizadores da comunidade que são favoráveis à própria moeda. A área das moedas digitais oferece novas oportunidades de investigação no futuro e tornar-se-á cada vez mais importante à medida que a sua popularidade aumentar e as entidades reguladoras procurarem orientações sobre a forma de as tratar. Para dar uma opinião pessoal sobre o que foi discutido, penso que, pelo facto de a Bitcoin não cumprir todas as quatro funções do dinheiro, será vista com desconfiança pelas autoridades governamentais, o que já se verificou em locais como a China e a Tailândia. Se a Bitcoin não conseguir obter uma aceitação generalizada, qual é o seu futuro? Poderá continuar a ser utilizada como reserva digital de valor e, sem dúvida, continuará a ser utilizada para actividades ilegais, como os mercados em linha de droga ou de armas, devido ao anonimato das transacções. Os governos e as autoridades reguladoras devem ter muito cuidado com a forma como tratam a Bitcoin, uma vez que esta terá um impacto a longo prazo nas políticas fiscais e nas normas comerciais. Em conclusão

A Bitcoin não pode ser classificada como dinheiro, uma vez que não cumpre as funções do dinheiro, mas é uma espécie de mercadoria digital que está a ser utilizada como meio de troca por um pequeno mas crescente contingente de empresas e cidadãos.

Referências

Brito, J & Castillo, A 2014. . [ONLINE] Disponível em: http://mercatus.org/sites/default/files/Brito_BitcoinPrimer_embargoed.pdf. [Acedido em 21 de abril de 2014].

Bitcoin - Bitcoin. 2014. [ONLINE] Disponível em: https://en.bitcoin.it/wiki/Bitcoin#History. [Acedido em 21 de abril de 2014].

Bitcoin: moeda ou mercadoria . 2014. [ONLINE] Disponível em: https://www.portmaninternational.ie/news/industry-updates/industry-detail/Bitcoin-Currency-or-Commodity. [Acedido em 21 de abril de 2014].

Bitcoin Babble . 2014. Um caso de banco de reserva fracionária com Bitcoin | Bitcoin Babble . [ONLINE] Disponível em: http://bitcoinbabble.com/?p=109. [Acedido em 21 de abril de 2014].

Bitcoin é agora "unidade de conta" na Alemanha | Tecnologia | The Guardian . [ONLINE] Disponível em: http://www.theguardian.com/technology/2013/aug/19/bitcoin-unit-of- account-germany. [Acedido em 21 de abril de 2014].

O que é Bitcoin? - Definição do WhatIs.com. 2014. O que é o Bitcoin? - Definição do WhatIs.com. [ONLINE] Disponível em: http://whatis.techtarget.com/definition/Bitcoin. [Acedido em 21 de abril de 2014].

Gráficos de Bitcoin / Gráficos. 2014. Gráficos de Bitcoin / Gráficos. [ONLINE] Disponível em: http://bitcoincharts.com/charts/bitstampUSD#rg60ztgSzm1g10zm2g25zv. [Acedido em 21 de abril de 2014].

BitcoinsBerlim. 2014. A história da Bitcoin desde o seu início em 2008 >.

[ONLINE] Disponível em: https://bitcoinsberlin.com/the-history-of-bitcoin-from-its-very-beginning-2008-2/. [Acedido em 21 de abril de 2014].

Cryptome (2014) . [ONLINE] Disponível em: http://cryptome.org/2013/09/bitcoin-practical-aspects.pdf. [Acedido em 21 de abril de 2014].

Coinmetrics, 2014. . [ONLINE] Disponível em: http://www.coinometrics.com/bitcoin/btix?utm_content=bufferfd226&utm_medium=social&utm_source=twitter.com&utm_campaign=buffer. [Acedido em 21 de abril de 2014].

Definição de money functions, definição no Glossário Económico. [ONLINE] Disponível em: http://glossary.econguru.com/economic-term/money+functions. [Acedido em 21 de abril de 2014].

Deardorff, A. V. (2006). Glossário de economia internacional. World Scientific: Nova Jersey

FRB: O que é a massa monetária? É importante? 2014. FRB: O que é a massa monetária? Is it important? [ONLINE] Disponível em: http://www.federalreserve.gov/faqs/money_12845.htm. [Acedido em 21 de abril de 2014].

Goldman All About Bitcoin (2014), Goldman Sachs Global Investment Research, 2014

Gowland, D. H. (2013). Controlling the money supply. Routledge.

Graeber, D. (2011). Dívida: Os primeiros 5.000 anos. Melville House.

Galbraith, J. K. (1975). Money, whence it came, where it went (Dinheiro, de onde veio, para onde foi). Houghton Mifflin.

Hudson, M. (2004). A arqueologia do dinheiro: teorias da dívida e da troca direta sobre as origens do dinheiro. Credit and state theories of money. As contribuições de A. Mitchell Innes.

Innes, A. M. (2004). 3. The Credit Theory of Money. Credit and State Theories of Money: the Contributions of A. Mitchell Innes, 50.

Jevons, W. S. (1885). Money and the Mechanism of Exchange (Vol. 17).

Knapp, G. F. (1924). The state theory of money. Livros de História do Pensamento Económico.

Definição de oferta de moeda | Investopedia. 2014. Definição de oferta de moeda | Investopedia. [ONLINE] Disponível em: http://www.investopedia.com/terms/m/moneysupply.asp. [Acedido em 21 de abril de 2014].

Mrunal. 2014. [Economia] Troca-troca-dinheiro-bitcoin: fluxo circular de rendimentos, poupança para investimento, valor temporal do dinheiro, pagamentos diferidos (Parte 2) - Mrunal. [ONLINE] Disponível em: http://mrunal.org/2013/12/economy-barter-money-bitcoin-circular-flow-of-income-savings-to-investment-time-value-of-money-deferred-payments-part-2.html. [Acedido em 22 de abril de 2014].

Mises, L. V. (1980). The theory of money and credit. London.

Murphy, R. 2011. . [ONLINE] Disponível em: http://www.mises.ch/library/Murphy_SG_Theory_Money_Credit.pdf. [Acedido em 21 de abril de 2014].

Nakamoto, S. (2008). Bitcoin: Um sistema de dinheiro eletrónico peer-to-peer. Consultado, 1, 2012.

Paul Krugman sobre Bitcoin, não é uma reserva estável de valor - Forbes. [ONLINE] Disponível em: http://www.forbes.com/sites/timworstall/2013/12/29/paul-krugman-on-bitcoin-its-not-a-stable-store-of-value/. [Acedido em 21 de abril de 2014

Palley, T. I. (1996). Accommodationism versus structuralism: time for an accommodation. Journal of Post Keynesian Economics, 585-594.

Pheby, J. (Ed.). (1989). New diretions in post-Keynesian economics. Edward Elgar Publishing.

Bitcoins físicos por Casascius . 2014. Bitcoins físicos por Casascius .

[ONLINE] Disponível em: https://www.casascius.com/. [Acedido em 23 de abril de 2014].

Rhee, Y. (2004). A cadeia de EPO na gestão de relacionamentos: um estudo de caso de uma organização governamental. Tese de doutoramento não publicada, Universidade de Maryland, College Park.

Definição de reserva de valor | Investopedia. 2014. Definição de reserva de valor | Investopedia. [ONLINE] Disponível em: http://www.investopedia.com/terms/s/storeofvalue.asp. [Acedido em 21 de abril de 2014].

Smith, A. (1776). An Inquiry into the Nature and Causes of the Wealth of Nations, ed. Edwin Cannan (1776, 282-302). Edwin Cannan (1776, 282-309.

Treloar, A, Designing the case study. 2014. 8.2.3 [ONLINE] Disponível em: http://andrew.treloar.net/research/theses/phd/thesis-165.shtml. [Acedido em 21 de abril de 2014].

Fazendo cinco anos: A Timeline of Bitcoin's Greatest Milestones | Motherboard. [ONLINE] Disponível em: http://motherboard.vice.com/blog/turning-five-a-timeline-of-bitcoins-greatest-milestones. [Acedido em 21 de abril de 2014].

Williams, Mark T (5 de dezembro de 2013). "Cuidado com o Bitcoin". Blogue Cognoscenti. 90,9 WBUR Estação de notícias NPR de Boston. Recuperado em 15 de abril de 2014.

Yin, R. K. (2014). Investigação de estudo de caso: Conceção e métodos (Vol. 5). sage.

Zelizer, V. A. R. (1997). The social meaning of money. Princeton University Press.

Lista de figuras

Figura 1.1

Gráficos de Bitcoin / Gráficos. 2014. Gráficos de Bitcoin / Gráficos. [ONLINE] Disponível em: http://bitcoincharts.eom/charts/bitstampUSD#rg60ztgSzm 1g10zm2g25zv. [Acedido em 21 de abril de 2014].

Figura 1.2

Índice de preços do Bitcoin - Gráficos de preços do Bitcoin em tempo real. [ONLINE] Disponível em: http://www.coindesk.com/price/. [Acedido em 21 de abril de 2014].

Figura 1.3

bitcoin-IRP/img/Bitcoin_Transaction_Visual.svg em master - graingert/bitcoin-IRP -

GitHub. [ONLINE] Disponível em: https://github.com/graingert/bitcoinIRP/blob/master/img/Bitcoin_Transaction_Visual.svg. [Acedido em 21 de abril de 2014].

Figura 1.4

Bitaddress.org. 2014. bitaddress.org. [ONLINE] Disponível em:

https:// www.bitaddress.org/bitaddress.org-v2.9.1-SHA1-67b1facd70890aa9544597e97122c7a1d4fdc821.html. [Acedido em 21 de abril de 2014].

Figura 1.5

Coinmetrics 2014. . [ONLINE] Disponível em: http://www.coinometrics.com/bitcoin/btix. [Acedido em 21 de abril de 2014].

Figura 1.6

Preço de mercado do Bitcoin (USD). 2014. Preço de mercado do Bitcoin (USD). [ONLINE] Disponível em: http://blockchain.info/charts/market-price. [Acedido em 21 de abril de 2014].

Figura 1.7

Gráficos de preços de Bitcoin em tempo real. 2014. Índice de preços do Bitcoin - Gráficos de preços do Bitcoin em tempo real. [ONLINE] Disponível em: http://www.coindesk.com/price/. [Acedido em 21 de abril de 2014].

Figura 1.8

Bitcoin Total de Bitcoins em circulação. 2014. Bitcoin Total de Bitcoins em Circulação. [ONLINE] Disponível em: http://blockchain.info/charts/total-bitcoins. [Acedido em 21 de abril de 2014].

Printed by Books on Demand GmbH, Norderstedt / Germany